Shade3D
建築&
インテリア

実践 モデリング講座　　著 Aiprah

Shade3D ver.16 / 17 / 18対応

ARCHITECTURE & INTERIOR
Practice book of modeling

技術評論社

ご購入・ご利用前に必ずお読みください

本書の内容について

本書記載の情報は、2018年7月現在のものを記載していますので、ご利用時には変更されている場合もあります。

また、ソフトウェアはバージョンアップされる場合があり、本書での説明とは機能内容や画面図などが異なってしまうこともあり得ます。本書ご購入の前に必ずソフトウェアのバージョン番号をご確認ください。

本書に記載された内容は、情報の提供のみを目的としています。本書の運用については、必ずお客様自身の責任と判断によって行ってください。これら情報の運用の結果について、技術評論社および著者はいかなる責任も負いかねます。

本書内容を超えた個別のトレーニングにあたるものについても、対応できかねます。あらかじめご承知おきください。

本書ではOS（Windows、Mac）の基本的な操作については詳しく解説を行っておりません。OSの操作に慣れていない方は、WindowsもしくはMacの操作解説書と一緒にお使いいただくことをおすすめします。

サンプルファイルについて

本書で使用しているサンプルファイル（p.6参照）の利用には、株式会社Shade3DのShade3D ver.16 ／ 17 ／ 18が必要です。現在の最新バージョンShade3D ver.18にて確認を行っていますが、ver.16 ／ 17でもお使いになれます（ただし、一部機能については使用ができないことがあります）。

サンプルファイルの利用は、必ずお客様自信の責任と判断によって行ってください。サンプルファイルを使用した結果生じたいかなる直接的・間接的損害も、技術評論社、著者、プログラムの開発者、サンプルファイルの制作に関わったすべての個人と企業は、一切その責任を負いかねます。

以上の注意事項をご承諾いただいた上で、本書をご利用願います。これらの注意事項をお読みいただかずに、お問い合わせいただいても、技術評論社および著者は対処しかねますので、ご承知おきください。

本書で使用しているサンプルファイルは、Windows 10およびMac（macOS 10.11以降）で動作確認を行っております。

Shade3D（ver.16/17/18）の動作に必要なシステム構成

	Windows 版	Mac OS X 版
OS	Windows 7（SP1)/8.1/10（64bit のみ）	Mac OS X 10.11/macOS Sierra 10.12 / macOS High Sierra 10.13（64bit のみ）
CPU	Intel Core2 Duo/ AMD Athlon 64 X2 以降（SSE3 搭載必須）	Intel Core2 Duo 以降
メモリ	4GB 以上（8GB 以上を推奨）	
HDD	5GB 以上の空き領域	
モニタ	1024×768 ピクセル以上を必須（1280×1024 ピクセル以上を推奨）※ 24 ビットカラー以上必須	
対応モデル	記載のハードウェアおよび OS の条件を満たすコンピュータ	Mac mini Early 2009 以降
ビデオカード	Windows 7 以上の Windows で動作するグラフィックスカード	DirectX 11 に対応したグラフィックスカード
立体視モニタ	偏光方式 3D モニタ	
その他	インターネットに接続できる環境 ※ Windows 7/Windows 8.1 をご利用の場合は、 Windows Internet Explorer 11 が必要	

※詳しくは、株式会社Shade3DのWebサイトをご覧ください。 https://shade3d.jp/product/shade3d/ver18/environment.html

Shade3D、Microsoft Windows、Apple Mac・Mac OS X・macOS、およびその他の本文中に記載されている製品名、会社名は、すべて関係各社の商標または登録商標です。なお、本書中では ® および ™ などのマークは記載しておりません。

PROLOGUE
はじめに

　建築・インテリアのプレゼンテーションでCGで作成したパースを見せることが、今や当たり前の時代になりました。3DCGはフォトリアルな表現が可能であり、素材の色や質感、照明の効果など、完成イメージをより具体的に伝えやすいものとして使用されています。

　ひと昔前は3DCGソフトやハイスペックなパソコンを揃えることは高値の花でしたが、日常的にデジタルが浸透している現在では価格的にも手が届くものとなり、利便性や効率においてもCADやCGなどのデジタルツールは業務上欠かせないものとなっています。その中でもShade3Dは以前から価格面や表現力の高さからも人気のあるソフトで、多くの人がソフトの名称や存在を知っていると言えるでしょう。CADユーザーであれば、3次元の表現で使ってみたいソフトの上位に入るのではないかと思います。

　パース制作はCG専門のプロに依頼することがありますが、デザイナー自身が2D（図面）から3Dまでできれば自分で作成したい、と思う方も多いのではないでしょうか。実際、Shade3D（古くはShade）を入手した人は多いと思いますが、一方では難しくてなかなか操作をマスターすることができず「宝の持ち腐れ」になっているという話もよく耳にします。感覚的に形を作る場合は楽しみながらできるのですが、寸法が全てのこの業界では途端に入力が難しく感じてしまい、なかなか理解できないというCAD脳（CADを操作する思考に慣れている）の方にはとっつきにくい面もあるのは事実です。

　Shade3Dもバージョンアップを重ねるごとに数値入力での操作が強化され、CAD脳の方でも非常に使いやすい内容になっており、また表現力も強化されています。CGクリエイターが使うソフトでもあるので、ソフトの機能を十分に使いこなすためには沢山の知識やテクニックが必要ですが、建築・インテリアデザイナー自らが3DCGパースを作成する場合、必要最低限の知識があればそれなりに満足の行く使い方ができるソフトウェアだと言えます。

　この本では、「まずはこれを知っておこう」という導入部分を紹介し、CAD脳の方でも入りやすい使い方を説明して行きますので、ぜひチャレンジしてください。

2018年7月

Aiprah

藁谷 美紀

本書の使い方

本書の特徴

　本書は、Shade3Dで建築、インテリアに関連する3DCGモデルを制作する方法を解説した書籍です。
　本書の解説で使用したShadeファイルおよび素材ファイルを使いながら実際に試しながら学習を行うことができます（サンプルファイルについては、p.6参照）。
　Shade3Dを活用しながら、現場で役立ち、より効率的に作業する方法も学べます。

本書の構成

　操作解説の6章（以降Part）と付録の全7章で解説しています。なお、Part1～4まではShade3Dでモデリングする基本操作解説、Part5、6は学んだ基本操作を活用しながら一戸建ての建物をモデリングし、レンダリング（画像）するまでを解説しています。

Part 1～4【基本】　…　Shade3Dの基礎知識およびモデリングする操作を解説
Part 5・6【実践】　…　Part1～4で学んだことを活用し、建物を作成して仕上げる操作を解説

解説ページ

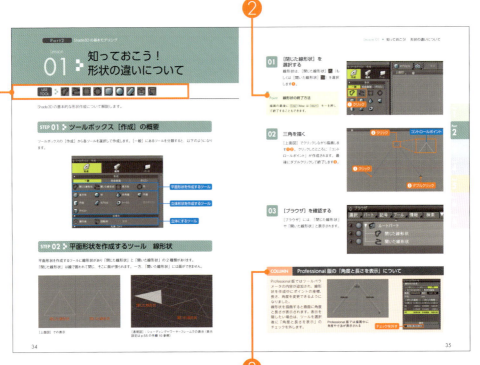

操作ページ

❶ **USE TOOL：**
Lesson内で使用するShade3Dのツールアイコンを表示しています。

❷ **Point/Hint：**
操作に役立つ補足情報を記しています。

❸ **COLUMN：**
解説した内容以外でも知っておくと便利な情報を記しています。

❹ **作例：**
作成する作例について、説明しています。完成見本および寸法を確認しながら、作成してみましょう。
作業するモデルの作成ポイントについても解説しています。
※内容によっては「寸法」のないLessonもあります。

❺ **フォルダ名：**
本書で使用したサンプルファイルの入っているフォルダ名を記しています。「練習フォルダ」に記載されているフォルダの中のファイルで操作をはじめます。「完成フォルダ」に記載されれいてるフォルダの中には完成見本のファイルが入っています。
※Lessonによってはないものもあります。

5

付属DVDの使い方

本書付属DVDに収録のサンプルファイルは、お使いのパソコンにコピーしてからお使いください。

本サンプルファイルを使用するには、あらかじめShade3Dがお使いのPCにインストールされている必要があります。

ソフトウェアがインストールされていない場合は、本DVD収録の体験版をお使いください（インストール方法はp.18参照）。

付属DVDのフォルダ構成

※ご利用の前に付属DVD収録の「ReadMe.txt」ファイルをお読みください。

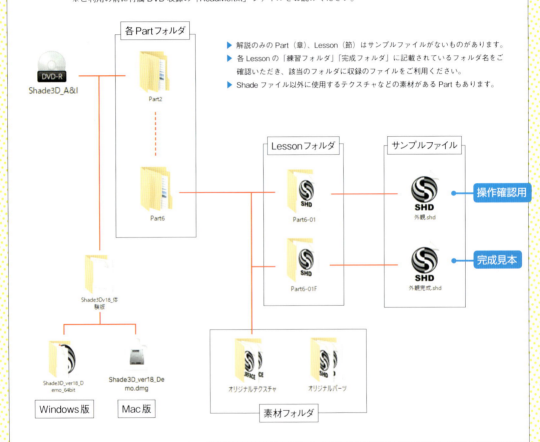

- 解説のみのPart（章）、Lesson（節）はサンプルファイルがないものがあります。
- 各Lessonの「練習フォルダ」「完成フォルダ」に記載されているフォルダ名をご確認いただき、該当のフォルダに収録のファイルをご利用ください。
- Shadeファイル以外に使用するテクスチャなどの素材があるPartもあります。

免責

本書および本DVD-ROM利用の結果、万が一障害などが発生しても、弊社および　著者、書籍制作に関わったすべての関係者は、一切の責任を負いません。

必ずご自身の責任においてご利用ください。

本DVD-ROMの収録内容は、2018年7月20日現在の情報をもとに制作しております。

●本DVD収録サンプルの著作権について

本書付属DVDに収録されているサンプルデータは、本書の購入者に限り、何度でも使用できます。

個人、法人に関わらず、本書学習の範囲内であれば、自由にお使いいただけます。

ただし、ご自身の制作物および、作品としての利用は禁止します。

● Shade3D無料体験版（30日間無料）について

▶ Shade3Dの体験版（現在ver.18）は、以下のWebサイトより最新版をダウンロードすることができます。

● 無料体験版のダウンロード

https://shade3d.jp/product/shade3d/ver18/tryal/tryal.html

▶ Webブラウザ（Microsoft Edge、Safari、Google Chrome、など）で上記Webページにアクセスし、ページ下に表示される「ダウンロード」をクリックします。Webページ上の指示にしたがい、ダウンロードを行ってください。

▶体験版は1台のマシンに1回限り、インストール後30日間にわたり、製品と同様の機能を無償でご使用いただきます。この体験版に関するサポートは一切行われません。体験版はあくまで製品を購入する前の確認用のソフトウェアです。サポートおよび動作保証が必要な場合、また継続して使用する場合は、必ず製品版をお買い求めください。

体験版は30日間無料で利用できますが、機能が制限されています。体験版の詳しい情報については、株式会社Shade3Dの以下のURLのWebサイト情報をご確認ください。

https://shade3d.jp/product/shade3d/ver18/tryal/tryal.html

Contents

動作環境・免責 2

はじめに 3

本書の特徴 4

付属 DVD の使い方 6

Part 1 Shade3D をはじめる前の準備   11

Lesson01　建築・インテリアの分野において 12

Lesson02　Shade3D 体験版のインストール 18

Lesson03　Shade3D の起動と終了 21

Lesson04　Shade3D のインターファイス 26

Part 2 Shade3D の基本モデリング   33

Lesson01　知っておこう!形状の違いについて 34

Lesson02　ベジェ曲線の練習 40

Lesson03　20 分で Shade 3D のモデリング体験 51

Part 3 インテリア小物のモデリング   69

Lesson01　知っておこう!　形状の違いについて 70

Lesson02　掃引体モデリング：本を作成する 75

Lesson03　回転体モデリング：デスクスタンドを作成する 85

Lesson04　自由曲面モデリング：クッションを作成する 93

Lesson05　自由曲面モデリング：カーテンを作成する 102

Lesson06　自由曲面モデリング：寝椅子を作成する 116

Lesson07　ポリゴンメッシュのモデリングについて 128

Part 4　家具のモデリング　　133

Lesson01	ブラウザで形状を管理する	134
Lesson02	ブーリアンで加工する	144
Lesson03	質感を設定する	152
Lesson04	Shade Explorer でカタログを作成する	164
Lesson05	プレゼンテーション用　簡単レンダリングを設定する	168
Lesson06	形状作成のまとめ：ソファを作成する	174

Part 5　建物のモデリング　　189

Lesson01	下図を取り込む　平面図（CAD 図面）	190
Lesson02	建物をモデリングする	198
Lesson03	建具をモデリングする：窓	218
Lesson04	建具をモデリングする：ドア	226
Lesson05	階段をモデリングする	236
Lesson06	モデルを配置する	246

Contents

Part 6　空間を仕上げる ⋯⋯⋯⋯ 255

Lesson01	外観のテクスチャを設定する	256
Lesson02	内観のテクスチャを設定する	263
Lesson03	カメラアングルを設定する	268
Lesson04	光源を設定する	278
Lesson05	背景を設定する	288
Lesson06	レンダリングする	296

Appendix　操作リファレンス ⋯⋯⋯⋯ 305

| 付録01 | 形状の作成方法 | 306 |
| 付録02 | 線形状の編集方法 | 312 |

索引 ⋯⋯⋯⋯ 314

Part

1

Shade3D を
はじめる前の準備

建築・インテリアのモデリングの基礎知識の習得と、
Shade3D をはじめるための準備を行います。
Part2 から実際にモデリングをしていきますが、
まずは Part1 でモデリングと Shade3D の基本を
学びましょう。

Part1 Shade3Dをはじめる前の準備

Lesson 01 ▸ 建築・インテリアの分野におけるShade3D

USE TOOL ▸ no items

3DCGモデリングをはじめる前に、建築・インテリアの分野においてShade3Dでどのようなことが行えるのか、どのような使い方ができるのかを解説します。
ここでShade3Dの概要をつかみ、実務に合わせた活用方法を学んでいきましょう。

STEP 01 ▸ 3DCGの活用とShade3Dの操作手順

見る人に建築物やインテリアを視覚的にわかりやすく伝えるためのパースはプレゼンテーションに欠かせないアイテムであり、今や3DCADや3DCGソフトを使ったデジタルパースが一般的になっています。
Shade3Dは数ある中の3DCGソフトの中でも、高性能でありながらも手に入れやすい価格であり、使用目的に合わせてラインナップから選択することができます。
Shade3Dでの基本的な作成の流れは、立体を作成する（モデリング）→質感を与える（表面材質設定）→光源を設定する（ライティング）→アングルを決定する（カメラ設定）→フォトリアルに仕上げる（レンダリング）となります。

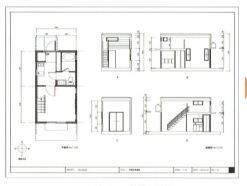
CADデータの利用が可能

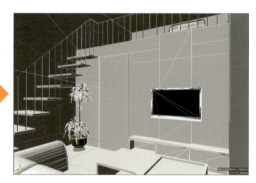

レンダリング

表面材質設定・ライティング

Lesson 01 ■ 建築・インテリアの分野における Shade3D

STEP 02 ▸ Shade3D の使い方の提案

01 目的に合わせた 3DCG
パースが作成できる

建築物から家具までのパース作成ができ、手描きとは違いさまざまなアングル（構図）のパースが作成できます。

外観パース

プロダクト（家具）

インテリアパース

02 光や質感をリアルに
表現できる

光の効果や質感をリアルに表現することができ、よりわかりやすくイメージを伝えることができます。またシミュレーションに使用することもできます。

昼の室内（照明 OFF の状態）

夜の室内（照明 ON の状態）

ホワイトモデル（光源のみ色あり）

13

STEP 03 ▸ 断面を表示する

Shade3Dの「切断面」機能を使って見たい断面をすぐに確認することができます。
[表示]メニュー→[切断面]を選択すると、[切断面設定]ウインドウが表示されます。

❶ [有効]にチェックを入れると切断表示される
❷ 「ワイヤーフレーム表示も切断表示」を選択する
❸ 切断する面の基準軸を「X」「Y」「Z」から選択して設定する
❹ [切断面を反転]で表示する面を選択できる
❺ [切断位置]をスライダーで設定する

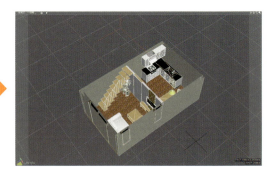

図は切断面を「Y」軸にし「切断面を反転」た場合の切断表示

❻「切断」で切断面より切断した形状を新規に作成

❼「切断(切断面を貼る)」で切断面に面を貼った新規形状を作成

Lesson 01 ■ 建築・インテリアの分野における Shade3D

STEP 04 ▶ 展開図をエクスポートする

正面図、右面図からワイヤーフレームのモデルを 2D の立面図として Illsutrator のファイルに取り出すことができます。立面の方向に合わせて、取り出す形状のみ［ブラウザ］で表示設定にします（［ブラウザ］の設定は p.195 参照）。
［ファイル］メニュー→「エクスポート」を選択して「Adobe Illsutrator」を選択します。
ver.18 では DXF 形式での取り出しが可能です。Professional 版では「三面図」として取り出すことができます。

取り出す立面は「右面図」

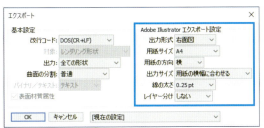

出力形式や用紙のサイズ、
向きをなどを設定

Illustrator でファイルを開く
（不要な線を削除することができる）

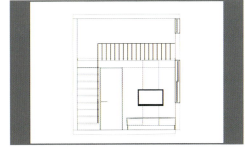

正面図をエクスポートしたもの

STEP 05 ▶ ジョイントを設定する

ジョイントを使って、扉の開閉や引出しの移動などの動きを設定し、アニメーションにすることができます。
動き方のシミュレーションや具体的な動作をプレゼンテーションすることができます。
ツールボックスの［パート］→［ジョイント］から設定します。

15

01 回転ジョイントを設定する

［正面図］で扉の回転軸をドラッグし❶、回転ジョイントを設定します。回転ジョイントパートに扉を入れます❷。

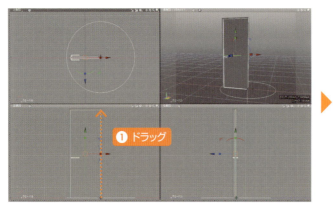
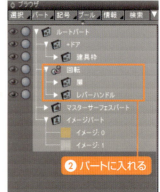

02 扉を回転する

統合パレットの［情報］→［図形ジョイント属性］→［回転］のスライダーで扉を回転します。

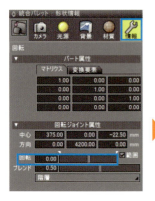

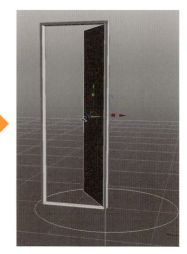

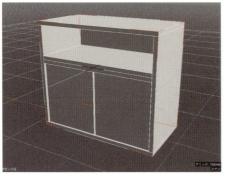
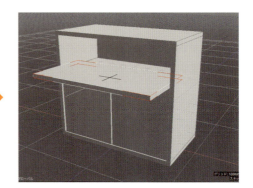

「直線移動ジョイント」で引出しを動かした例

STEP 06　CAD ワークスペースに切替え：Professional のみ

NURBS 形状作成に特化した 3DCAD の作業環境に切り替えることができます。3次元 CAD 技能技術者検定　準1級推奨ソフトになりました。

ベジェ曲線・自由曲面・ポリゴンメッシュの作成・編集　　NURBS 形状の作成・編集

STEP 07　Shade3D mobile や VR ビューワーを利用する

Shade 3D のデータを iPhone や iPad でビューワーとして見ることができる無料のアプリケーションです。作成したデータを Dropbox を共有してダウンロードすることができます。

01　ファイルを選択する

App store からアプリをダウンロードします❶。アプリを起動してファイルを選択します❷。

02　表示を確認する

360°モデルを回転して見ることができます❶。レンダリング設定の画像を表示することができます❷。

ver.18 の新機能として「Shade3D Panorama View」が公開され、パノラマレンダリングで作成した静止画を気軽に VR 体験をすることができるようになった

Part1 Shade3Dをはじめる前の準備

Lesson 02 Shade3D 体験版のインストール

USE TOOL　no items

本書付属DVDには30日間無料で使用できる体験版（ver.18）を収録しています。Shade3D（ver.16、17、18）をお持ちでない方はこちらをご利用ください。体験版については、本書p.6の「付属DVDの使い方」をお読みください。

STEP 01　PCにインストールする：Windows

01　体験版のインストーラーを起動する

付属DVDをPCにセットし、エクスプローラーで「DVD RWドライブ　Shade3D_A&I」をクリックし❶、「Shade3Dv18_体験版」フォルダの中を表示されます。「Shade3D_ver18_Demo_64bit」フォルダをダブルクリック❷→「Setup for Shade3D ver.18 Demo (64-bit).exe」をダブルクリックします❸。［アカウント制御］画面が表示されたら、［はい］ボタンをクリックします❹。

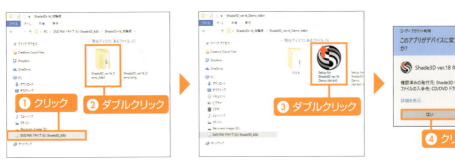

02　使用許諾・インストール先を指定する

インストーラーが起動し、セットアップ画面が表示されます。［使用許諾契約書の同意］画面の内容を確認して「同意する」をチェックし❶、［次へ］ボタンをクリックします❷。［インストール先の指定］画面が表示されますので、特に別の場所にインストールしない場合は［次へ］ボタンをクリックします❸。

03 コンポーネントの選択・プログラムグループを指定する

［コンポーネントの選択］画面のインストールする項目を確認し（［コンテンツ］は本書の操作に必要なので、チェックは外さないようにしてください）、［次へ］ボタンをクリックします❶。［プログラムグループの指定］画面は特に変更せずに［次へ］ボタンをクリックします❷。

04 デスクトップにアイコンを作成して完了する

［追加タスクの選択］画面で「デスクトップ上にアイコンを作成する」にチェックが入っているかを確認し❶、［次へ］ボタンをクリックします❷。［セットアップウィザードの完了］画面で［完了］ボタンをクリックすると❸、インストールが完了して画面が閉じられます。

05 アイコンが表示される

インストールが完了すると、デスクトップにアイコンが表示されます。

STEP 02 ✚ PC にインストールする：Mac

01 体験版のインストーラーを起動する

付属 DVD を PC にセットし、デスクトップの「Shade3D_A&I」をダブルクリックします❶。「Shade3Dv18_体験版」フォルダ→「Shade3D_ver18_Demo.dmg」をダブルクリックします❷。

02 アイコンを「アプリケーション」フォルダにドラッグする

下図のような画面が表示されます。「Shade3D ver.18 体験版」アイコンを右の「アプリケーション」フォルダにドラッグします❶。

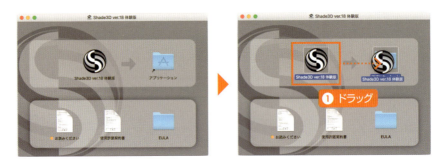

03 「アプリケーション」フォルダにコピーする

「アプリケーション」フォルダの中が表示されるので、アイコンをそのままドラッグします❶。アプリケーションのコピーがはじまります。「アプリケーション」フォルダにアイコンが表示されたら使用できるようになります❷。

Part1 Shade3Dをはじめる前の準備

Lesson 03 Shade3Dの起動と終了

USE TOOL : no items

ここではShade3Dの起動と終了、ファイルの操作（開き方、保存方法）について解説します。
Part2以降でモデリングを行うための基本操作になりますので、あらかじめしっかり覚えておきましょう。

STEP 01-1 Shade3Dを起動する：Windows

01 Shade3Dアイコンをダブルクリックする

デスクトップ（もしくは［スタート］ボタンをクリックして表示されるメニュー）で［Shade3D］アイコンをダブルクリックします❶。
起動画面が開きます。

COLUMN　体験版を起動した際の画面について

体験版を起動した際、図のような画面が表示されます。
「Basic」「Standard」「Professional」の3つのエディションを選択できます。
使用したいエディションをクリックすると起動画面が表示されます。
また、左上に試用できる期間が表示されます。

※体験版はあくまで製品版を購入する前のお試し版です。継続して使用する場合は製品版をご購入ください。

02 セキュリティの警告画面が表示される

「セキュリティの重要な警告」画面が表示されますが、特に問題ないので、[アクセスを許可する] ボタンをクリックします❶。

03 Shade3D が起動する

[Shade3D へようこそ] 画面が表示されます。
右上の [閉じる] ボタン × をクリックして画面を閉じておきます。

STEP 01-2 Shade3D を起動する：Mac

01 Shade3D アイコンをダブルクリックする

「アプリケーション」フォルダの [Shade3D] アイコンをダブルクリックします❶。起動画面が開きます。
左上の [閉じる] ボタン × をクリックして画面を閉じておきます。

Lesson 03 ■ Shade3D の起動と終了

STEP 02 ▸ Shade3D ファイルを開く

01 ［開く］ダイアログボックスを表示する

［ファイル］メニュー→［開く］の順にクリックします❶。

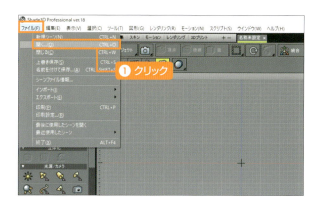

02 ファイルを選択する

［開く］ダイアログボックスが表示されます。ファイルを選択し❶、［開く］ボタンをクリックします❷。

Windows の場合

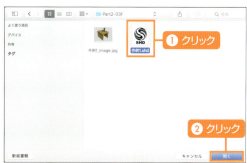
Mac の場合

03 ファイルが表示される

選択したファイルが図形ウインドウに表示されます。

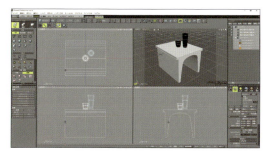
Windows の場合

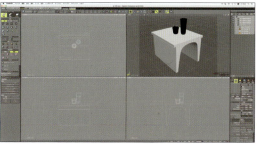
Mac の場合

23

STEP 03-1 ▶ Shade3D ファイルを保存する：Windows

作成したファイルを保存するには、［ファイル］メニュー →［名前を付けて保存］の順にクリックします❶。
［名前を付けて保存］ダイアログボックスが開くので、保存先を指定します❷。［ファイル名］に名前を入力し❸、［保存］ボタンをクリックします❹。

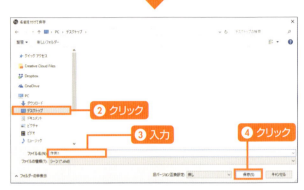

STEP 03-2 ▶ Shade3D ファイルを保存する：Mac

作成したファイルを保存するには、［ファイル］メニュー →［名前を付けて保存］の順にクリックします❶。
ダイアログボックスが開くので、保存先を指定します❷。［名前］にファイル名を入力し❸、［保存］ボタンをクリックします❹。

Lesson 03 ■ Shade3D の起動と終了

STEP 04-1 ▸ Shade3D を終了する：Windows

Shade3D を終了するには、[ファイル] メニュー → [終了] の順にクリックします❶。

■ Point　[閉じる] ボタンで終了する

画面の右上の [閉じる] ボタンをクリックしても終了することができます。

STEP 04-2 ▸ Shade3D を終了する：Mac

Shade3D を終了するには、[Shade3D] メニュー → [Shade3D を終了] の順にクリックします❶。

■ Point　[閉じる] ボタンで終了する

画面の左上の [閉じる] ボタン●をクリックしても終了することができます。

25

Part1 Shade3Dをはじめる前の準備

Lesson 04 Shade3Dのインターフェイス

 no items

画面上に表示される基本的なウインドウやパレットです。ここでは、よく使うウインドウについて解説します。また、図形ウインドウの基本操作についても解説します。Part2以降の作業で必要な操作になりますので、覚えておくようにしましょう。

STEP 01 Shade3Dの画面構成

Shade3Dの画面構成について解説します。本書ではver.18のProfessional版で解説を行っていますが、ver.16、17およびBasic、Standard版でも同じように操作できます（一部の機能を除く）。

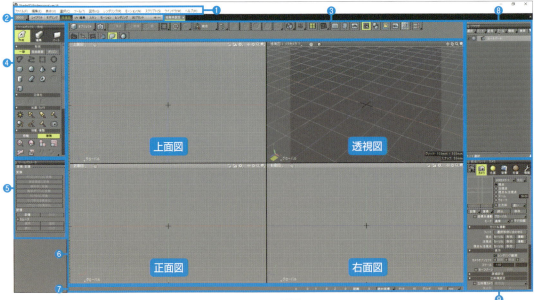

ver.18の画面

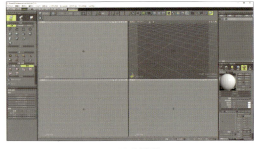

ver.16の画面

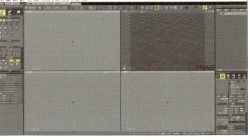

ver.17の画面

❶ メニューバー

Shade3Dを操作するためのメニューが用意されています。ファイル操作や表示に関するメニューなど、操作に合わせて使い分けます。

❷ ワークスペースセレクタ

作業に合わせてワークスペースを切り替えらます。標準設定では、［レイアウト］［モデリング］［四面図］［UV編集］［アニメーション］［レンダリング］が用意されています。初期設定では［四面図］になっています。

❸ コントロールバー

編集モード（オブジェクト、形状編集）の切り替え、ウインドの操作や形状の編集に便利なツールなどが用意されています。

❹ ツールボックス

形状を作成、編集するためのツール（機能）が用意されています。［作成］［編集］［パート］のタブに分かれていて、［作成］は形状を作るためのツール、［編集］は形状を編集するためのツール、［パート］は形状を管理するためのツールがまとめられています。

❺ ツールパラメータ

選択しているツールのパラメータ（位置やサイズ）を表示され、数値を直接入力することも可能です。形状作成後はモデルタイプの変換や記憶ツールなどで編集することができます。

形状作成時　　　　　形状選択時

❻ 図形ウインドウ

形状を作成、編集するためのウインドウです。［上面図］［正面図］［右面図］［透視図］で構成されています。形状によって、使い分けながら作成、編集を行います。

❼ ステータスバー

カーソルの位置や原点からの距離などが表示されます。

COLUMN　モードの切り替え

Professional版では、ワークスペースで［3DCG］モードと［CAD］モードの切り替えができます。

❽ ブラウザ

作成した形状を階層にして管理します。パート（フォルダ）でまとめ、名前をつけることができます。また、形状の選択や表示・非表示の切替え、色をつけて管理することもできます。

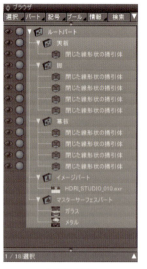

全項目を表示　　　　　　　階層表示と色の設定

COLUMN　ver.16／17でブーリアン記号をつけるには

ver.18より［ブラウザ］の項目の構成が変わりました。
ver.16または17をお使いの場合、ブーリアン記号をつける操作が異なります。

ver.16または17でブーリアン記号をつけるには、［ブーリアン］をクリックし、表示された記号より、該当の記号を選びます。
ブーリアン記号については、Part4、5で解説しています。

ver.18でのブーリアン記号の表示方法

ver.16／17でのブーリアン記号の表示方法

28

Lesson 04 ■ Shade3D のインターフェイス

❾ 統合パレット

[カメラ][無限遠光源][背景][表面材質][形状情報]のアイコンを切り替えて使用します。

❶ [カメラ]
[カメラ]は透視図に表示されるアングルを設定することができます。

❷ [無限遠光源]
太陽光のように、平行に当たる光源の向きや明るさなどを設定します。

❸ [背景]
シーンの背景を雲や霧などの各種パターンのほか、画像を貼り付けて作成することができます。

❹ [表面材質]
形状に色や素材、質感を設定します。パラメーターの設定を組み合わせて作成するほか、画像を使用することができます。

❺ [形状情報]
選択している形状の情報を表示、編集します。形状やパートなど、選択内容によって表示は変わります。

❶ [カメラ]

❷ [無限遠光源]

❸ [背景]

❹ [表面材質]

❺ [形状情報]

COLUMN　パレットは切り離せる

統合パレットのアイコンをクリックすると、パレットの分離ができます。
再度アイコンをクリックすると、統合パレットに戻すことができます。

クリック

STEP 02 ▸ 図形ウインドウの基本操作

図形ウインドウは［上面図］［正面図］［右面図］［透視図］の4画面で構成され、マウスで3次元カーソルを動かすと全ての画面のカーソルが動き、連動していることがわかります。
モデリングの最中に上面図から正面図にカーソルを移動して作業を進めることができます。
基点は最初、原点（XYZ=0）にあります。クリックしたところに基点は動きます。

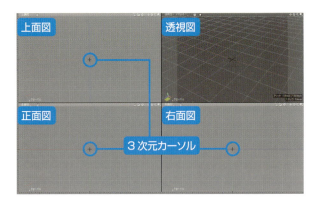

01 カーソルは連動して動く

［上面図］でカーソルを回すと他のウィンドウのカーソルも動きます。
最初は原点に基点があるため、［上面図］でカーソルを動かすと［上面図］［右面図］ではY座標は「0」のままXZ座標上を移動します。

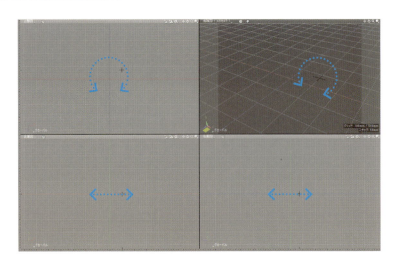

02 マウスで拡大・縮小、スクロールする

拡大・縮小はマウスのホイールを動かして操作することができます。マウスホイールを押し込むとパンカーソルが表示され、そのままマウスを動かすとスクロールすることができます。また、キーボードの [Space] キーを押してスクロールすることもできます。

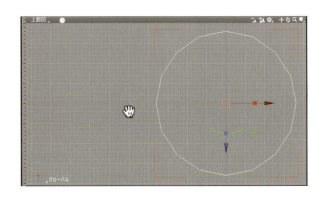

30

03 ボタンで拡大・縮小、スクロールする

スクロール、回転、ズームはボタンを上下左右にドラッグするように操作します。
回転は、ドラッグする方向の下方向に表示が回転します（「回転」ボタンをダブルクリックすると元に戻ります）。
［透視図］の場合では、カメラの視点が回転します。

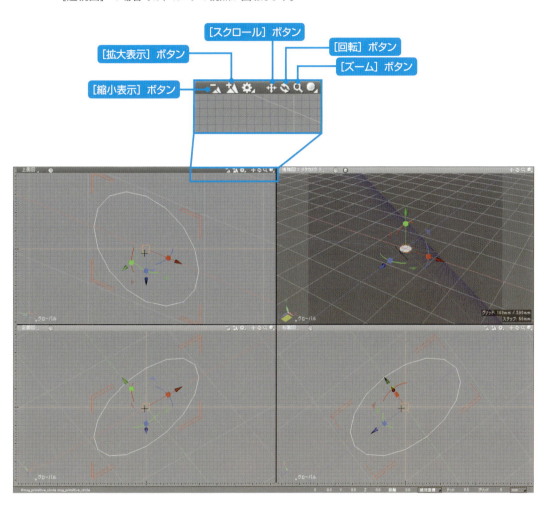

04 形状全体を表示する

［フィット］ボタンをクリックすると選択されている形状が各ウインドウに全体が表示されるサイズになります。

05 図形ウインドウを切り替える

コントロールバーの［図面レイアウトの選択］ボタン　をクリックし❶、切り替えたいウインドウの場所（ここでは［上面図］）をクリックします❷。クリックしたウインドウが画面いっぱいに表示されます。

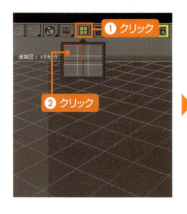 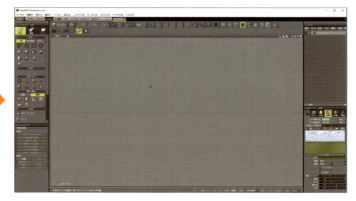

06 四面図表示に戻す

四面図表示に戻す場合は、［図面レイアウトの選択］ボタン　をクリックし❶、中央部分をクリックします❷。

COLUMN　ワークスペースを元に戻すには

ツールボックスや［ブラウザ］などのパレットを移動してしまい、ワークスペースの表示を元に戻したい場合は、［ウインドウ］メニュー→［ウインドウレイアウトをリセット－シングル］の順にクリックします。

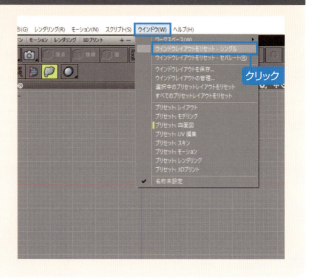

2

Shade3Dの基本モデリング

Part2 では、Shade3D のモデリングの基本について学びます。
ここでしっかり形状の作り方を学ぶことで、
Part3 以降の小物や建物などのモデリングがスムーズに
行えるようになります。

Part2 Shade3Dの基本モデリング

Lesson 01 知っておこう！形状の違いについて

Shade3Dの基本的な形状作成について解説します。

STEP 01 ツールボックス［作成］の概要

ツールボックスの［作成］から各ツールを選択して作成します。［一般］にあるツールを分類すると、以下のようになります。

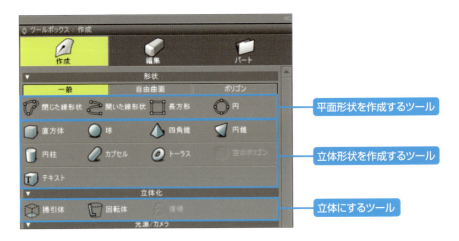

STEP 02 平面形状を作成するツール　線形状

平面形状を作成するツールに線形状があり「閉じた線形状」と「開いた線形状」の2種類があります。
「閉じた線形状」は線で囲われて閉じ、そこに面が張られます。一方、「開いた線形状」には面ができません。

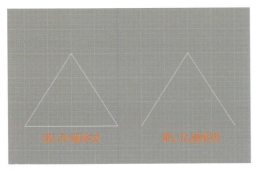

［上面図］での表示

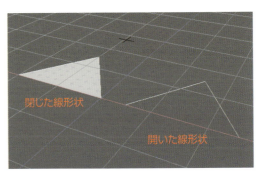

［透視図］：シェーディング＋ワイヤーフレームでの表示（表示設定はp.55の手順10参照）

Lesson 01 ■ 知っておこう！ 形状の違いについて

01 ［閉じた線形状］を選択する

線形状は、［閉じた線形状］（もしくは［開いた線形状］）を選択します❶。

Point　線形状の終了方法

描画の最後に Enter（Mac は return）キーを押して終了することもできます。

02 三角を描く

［上面図］でクリックしながら描画します❶❷。クリックしたところに「コントロールポイント」が作成されます。最後にダブルクリックして終了します❸。

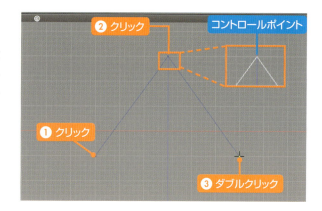

03 ［ブラウザ］を確認する

［ブラウザ］には、「閉じた線形状」や「開いた線形状」と表示されます。

COLUMN　Professional 版の「角度と長さを表示」について

Professional 版ではツールパラメータの内容が追加され、線形状を作成中にポイントの座標、長さ、角度を変更できるようになりました。

線形状を描画すると画面に角度と長さが表示されます。表示を隠したい場合は、ツールを選択後に「角度と長さを表示」のチェックを外します。

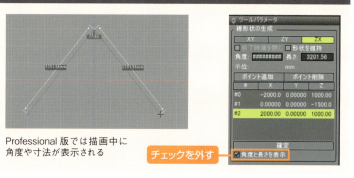

Professional 版では描画中に角度や寸法が表示される

35

STEP 03 ▶ 平面形状を作成するツール　長方形

01　［長方形］を選択する

長方形は、ツールボックスの［作成］→［一般］→［長方形］■を選択します❶。

02　長方形を描く

［上面図］で対角線状にドラッグして作成します❶。

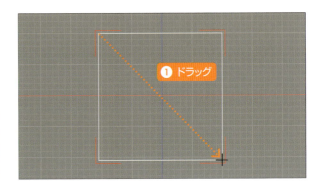

> **Point　正方形にする方法**
> [Shift]キーを押しながら作図すると、正方形が作成できます。

STEP 04 ▶ 平面形状を作成するツール　円

01　［円］を選択する

ツールボックスの［作成］→［一般］→［円］●を選択します❶。

02　円を描く

［上面図］でドラッグして作成します❶。ドラッグした距離が半径となり、正円が作成されます。

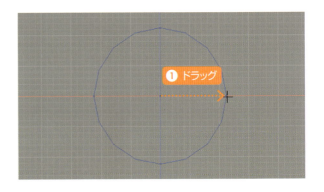

Lesson 01 ■ 知っておこう！ 形状の違いについて

STEP 05 ▶ 立体形状を作成するツール　直方体

立体形状を作成するツールには「直方体」や「球」、「四角錐」などがあります。

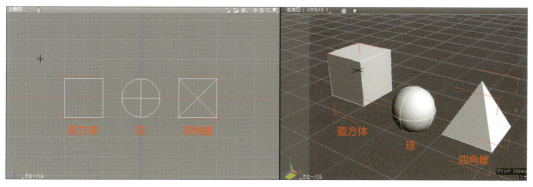

［上面図］に作成した例　　　　　　　　　［透視図］での表示

01 直方体を作成する

直方体は、平面形状を作成して立体にします。ツールボックスの［作成］→［一般］→［直方体］■をクリックし❶、［上面図］で対角線状にドラッグして四角形を描きます❷。

02 立体にする

描かれた四角形は［正面図］で確認すると、線状で表示されています。その線を厚みをつける方向にドラッグすると❶、立体になります。

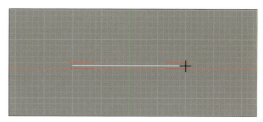

［正面図］では線として表示される

［正面図］でドラッグする

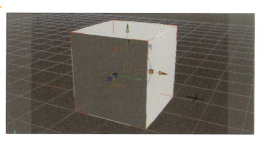

［透視図］での表示

STEP 06 ▶ 立体形状を作成するツール　球

01 ［球］を選択する

「球」は半径をドラッグして作成します。ツールボックスの［作成］→［一般］→［球］○をクリックします❶。

02 円を描く

［上面図］でドラッグして円を描きます❶。

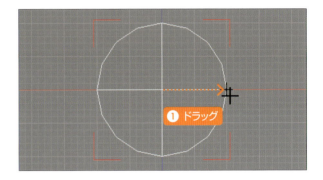

03 球体で表示される

［正面図］で確認すると、球体が表示されています。

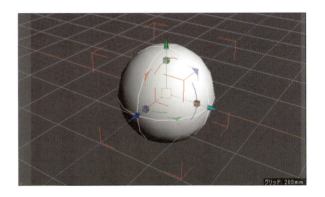

COLUMN　ツールパラメータで数値を指定して作成する

［ツールパラメータ］に形状の位置、サイズ、高さが表示されます。直接数値を入力してサイズを指定することができます。［確定］ボタンをクリックして終了します。
また、［ツールパラメータ］に数値を入れず、形状作成後に Enter （Mac は return ）キーを押して確定することができます。

Lesson 01 ■ 知っておこう！　形状の違いについて

STEP 07 ▸ 平面形状を立体にするツール　掃引体

01　長方形を描く

掃引体は、平面形状を押し出すイメージで立体を作成するツールです。立方体を作成する場合、[長方形] を選択し❶、[上面図] で対角線上にドラッグして四角形を作成します❷。

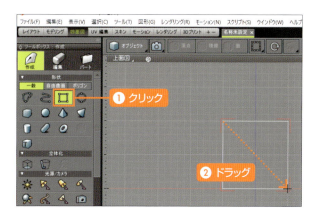

02　[掃引体] を選択する

ツールボックスの [作成] → [一般] → [立体化] → [掃引体] をクリックします❶。

03　ドラッグして厚みを出す

[正面図] で線形状の上から上方向にドラッグします❶。

04　図形ウインドウを確認する

4 つの図形ウインドウには、それぞれのウインドウにあわせた立方体が表示されます。

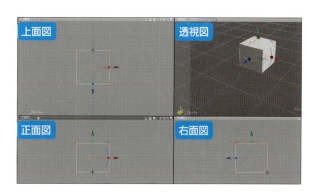

39

STEP 08 ▸ 平面形状を立体にするツール　回転体

01　開いた線形状を選択する

回転体は、断面となる平面形状を回転して立体を作成するツールです。図は、器のような形状を作成する手順です。[開いた線形状] をクリックします❶。

02　断面形状を描く

[正面図] で、図のようにクリックを繰り返し❶〜❷、器の断面形状を作成します。ダブルクリックして終了します❻。

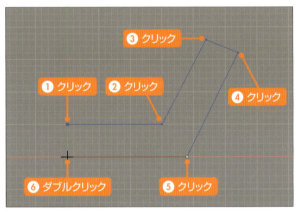

[正面図] で描く

> **Point**
> 正面図の Y 軸上に（緑のライン）始点と終点を合わせて作成します。

03　完成した形状を確認する

完成した形状を [上面図]、[正面図] で確認してみましょう。

完成例：[上面図] での表示

完成例：[正面図] での表示

Lesson 01 ■ 知っておこう！ 形状の違いについて

04 回転体で立体にする

断面形状を作成したら、［回転体］ をクリックします❶。［正面図］でY軸上（緑のライン）を始点と終点を通るようにドラッグします❷。

05 回転体になる

断面形状が立体になり、回転体の完成です。

Hint

［図形］ウインドウの［フィット］ボタン をクリックすると、形状全体を画面に表示することができます。

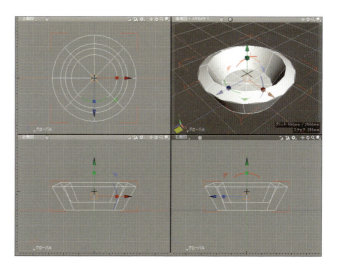

COLUMN 中心に穴が開いてしまう場合

回転軸がずれていると、中心に穴が開いてしまいます。その場合は「取り消し」（［編集］メニュー→［取り消し］の順にクリック）で回転体にする前に戻り、［上面図］でX軸上をクリックし、回転軸を修正してから回転体にします。

穴が開いた状態

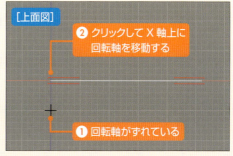

回転軸がX軸からずれている

41

Part2 Shade3Dの基本モデリング

Lesson 02 ベジェ曲線の練習

Shade3Dの曲線は、「ベジェ曲線」で、コントロールポイントと接線ハンドルを操作して作成します。ここでは曲線の作成方法、コントロールポイントの編集方法を解説します。それぞれの操作に慣れるための練習をしましょう。

STEP 01 作業しやすくする

01 コントロールポイントの表示サイズを変更する

コントロールポイントやハンドルの表示が大きくなるように、コントロールバーの［ラージポイント］ボタン をクリックしてONにします❶。

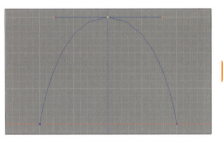
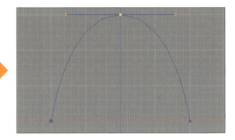

コントロールポイントや接線ハンドルの表示が大きくなる

02 図面レイアウトを切り替える

図面レイアウトコントローラで［上面図］だけが画面に大きく表示されるように切り替えます。コントロールバーの［図面レイアウト］ボタン をクリックし、図面レイアウトコントローラ上でマウスを動かすと赤い枠が表示されます。左上の枠が赤くなるようにマウスポインタを移動してクリックすると、画面表示が［上面図］に切り替わります。

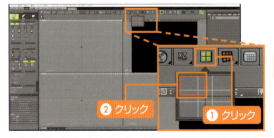
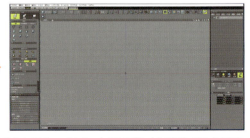

［図面レイアウト］ボタンをクリックし❶、図面レイアウトコントローラの左上のビューをクリックすると❷、［上面図］が大きく表示される

STEP 02 ベジェ曲線の描き方

01 直線を描く

線形状は描画方法により、直線と曲線を描き分けることができます。クリックで作成すると角ができ、直線になります。ここでの操作は［開いた線形状］で行っています。

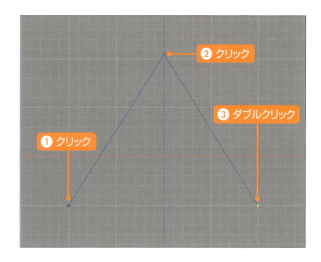

02 曲線を描く

曲線はドラッグして描きます。ドラッグしたときにコントロールポイントとハンドルが生成されます。

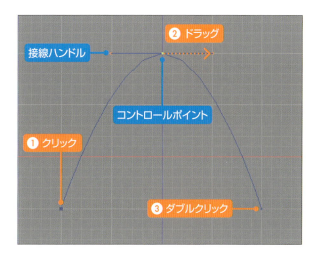

03 直線と曲線を連続して描く

クリックとドラッグを組み合わせて直線と曲線を連続して描くことができます。

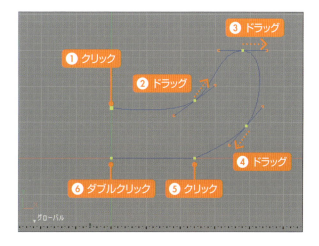

STEP 03 ハートの形状を作成する

01 [閉じた線形状]を選択する

ハートの形状を作成してみましょう。ツールボックスの［作成］→［一般］→［閉じた線形状］をクリックします❶。図を参考に A の点をクリックし❷、B の点でハンドルが垂直になるようにドラッグします❸。

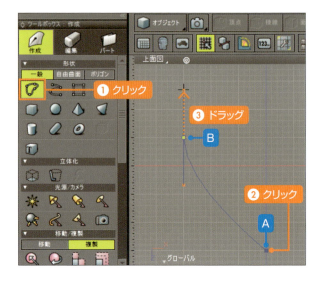

02 ハートの形を描く

C の点でハンドルが水平になるようにドラッグします❶。D の点でクリックします❷。ハートの半分が描けます。

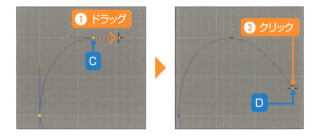

03 ハートの形につなげる

もう半分も同じように描きます。E の点でハンドルが垂直になるようにドラッグし❶、F の点でドラッグします❷。最後に最初の点をクリックして終了します❸。

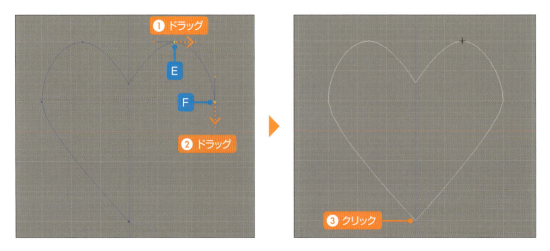

Lesson 02 ■ ベジェ曲線の練習

STEP 04 ▶ 線形状を編集する

01 コントロールポイントを選択する

コントロールポイントや接線ハンドルを編集します。コントロールバーの［オブジェクト］をクリックし❶、［形状編集］を選択します❷。コントロールポイントが表示され、ポイントをクリックすると❸、選択することができます。

02 コントロールポイントを移動する

コントロールポイントをドラッグして移動します❶。曲線の部分はコントロールポイントをクリックすると❷、接線ハンドルが表示されます。接線ハンドルはコントロールポイントの両サイドに表示されます。ハンドルをドラッグして傾けると❸、左右のハンドルは連動して曲線が変化します。また、ハンドルをドラッグして引っ張ると❹、片側のハンドルだけ伸縮し、曲線が変化します。

ハンドルをドラッグして傾けると左右のハンドルは連動する

ハンドルをドラッグして引っ張ると、片側のハンドルを調整できる

COLUMN　マニピュレータを非表示にする

選択したポイントに表示されるマニピュレータを非表示にします。コントロールバーの［マニピュレータ］をクリックし❶、［非表示］を選択します❷。コントロールポイントのマニピュレータが非表示になります。

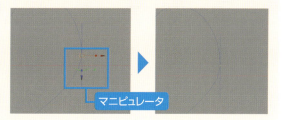

45

STEP 05 ✚ 円からハートを作成する：線形状への変換

01 新規シーンを作成する

コントロールポイントや接線ハンドルを編集して、円の形状からハートに変えてみましょう。［ファイル］メニューから［新規シーン］を選択し❶、新しいワークスペースを表示します。

02 円を作成する

ツーボックスの［円］をクリックし❶、ドラッグして円を描画します❷。

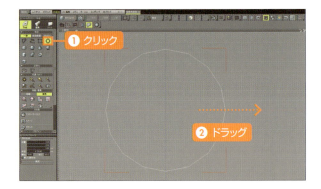

03 円を編集する

［ブラウザ］には、「円」と表示されます❶。［形状編集］モードに切り替え❷、コントロールポイントをクリックして択すると❸、接線ハンドルは表示されません。

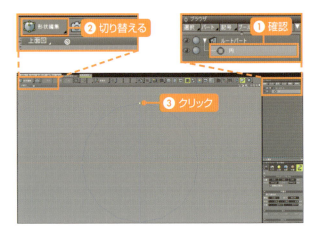

04 円を変形する

円のコントロールポイントをドラッグして移動すると❶、反対側のポイントが連動し、全体の形状が変わります。

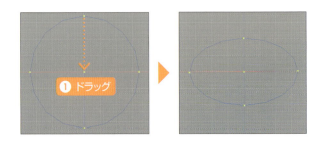

05 線形状に変換する

各部のコントロールポイントや接線ハンドルを操作できるように線形状に変換します。[編集] メニュー→ [取り消し]の順にクリックして円に戻り、[オブジェクト] に切り替えて❶、[ツールパラメータ] の [変換] から [線形状に変換] をクリックします❷。

[編集] メニュー→ [取り消し] で円に戻る

06 閉じた線形状に変換される

[ブラウザ] には「閉じた線形状」と表示され❶、[形状編集] に切り替えると❷、それぞれのコントロールポイントと接線ハンドルが選択できるようになります❸。

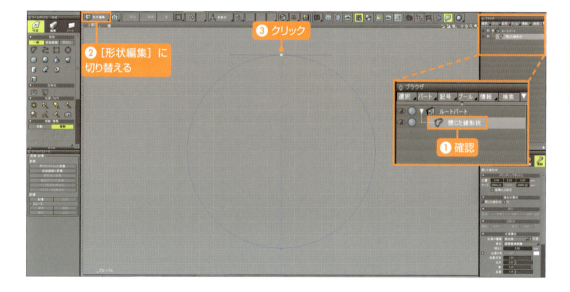

07 コントロールポイントを移動する

ハート型に変形するため、中上にあるコントロールポイントを下に移動します。

STEP 06 ▶ 円からハートを作成する：コントロールポイントの操作

01 接線ハンドルを折る

接線ハンドルの連結を解除して、曲線を折ります。コントロールポイントを選択し❶、ツールボックスの［編集］をクリックし❷、［線形状］→［接線ハンドルを折る］をクリックします❸。

Point　ショートカットキー

［接線ハンドルを折る］をクリックするほかに、Z（Macは command + option）キーを押しながらドラッグしても操作することができます。

02 接線ハンドルを移動する

片側の接線ハンドルをドラッグし❶、曲線を折ります。同じように、もう片方もドラッグして曲線を折ります❷。

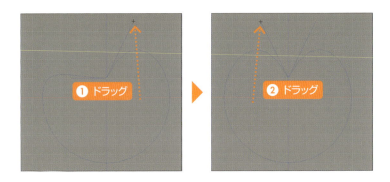

03 コントロールポイントを追加する

コントロールポイントを追加します。ツールボックスの［編集］→［線形状］→［コントロールポイントを追加］をクリックします❶。ポイントを追加したい線形状の上を交差するようにドラッグすると❷、コントロールポイントが追加されます❸。

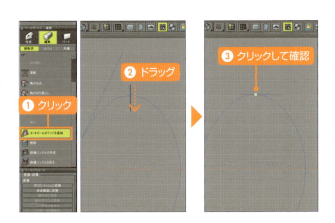

Lesson 02 ■ ベジェ曲線の練習

04 コントロールポイントを削除する

コントロールポイントの削除方法は、削除したいコントロールポイントを選択した状態で❶、ツールボックスの［編集］→［線形状］→［削除］をクリックします❷。

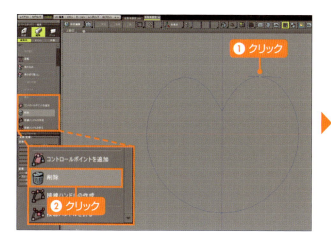
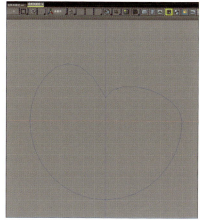

コントロールポイントが削除される

05 接線ハンドルを調整する

接線ハンドルを調整して形状を整えます。コントロールポイントをクリックし❶❸、接線ハンドルを表示します。接線ハンドルをドラッグして曲線を調整します❷❹。

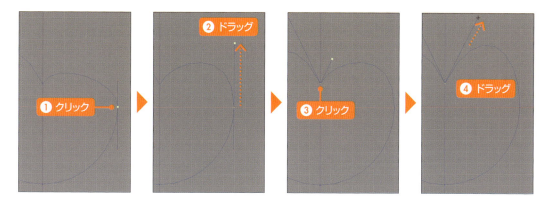

COLUMN　コントロールポイントをショートカットで操作する

コントロールポイントの追加は Z + X（Macは command + option ）キーを押しながら線形状を横切るようにドラッグ、コントロールポイントの削除は Z + X（Mac は command + option ）キーを押しながらクリックして操作することができます。

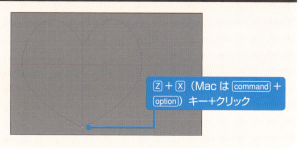

49

06 接線ハンドルを削除する

接線ハンドルを削除すると曲線が直線に変わります。削除したい接線ハンドルのあるコントロールポイントをクリックします❶。ツールボックスの［編集］→［線形状］→［アンスムーズ］をクリックします❷。

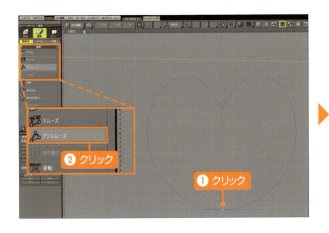
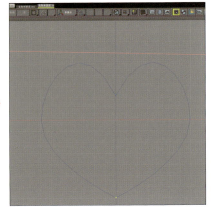

07 形状編集モードを終了する

ハートが完成しました。コントロールバーの［形状編集］をクリックし❶、［オブジェクト］をクリックして編集モードを終了します❷。

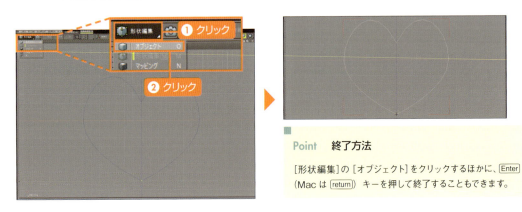

Point 終了方法

［形状編集］の［オブジェクト］をクリックするほかに、Enter（Macはreturn）キーを押して終了することもできます。

COLUMN 接線ハンドルの削除方法

手順06の［アンスムーズ］の操作では、両方のコントロールポイントが削除されます。片方の接線ハンドルを削除する場合は、Z + X（Macはcommand + option）キーを押しながら、接線ハンドルをクリックします。

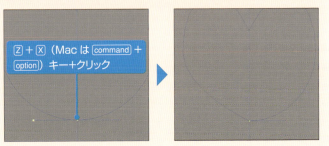

Part2 Shade3D の基本モデリング

Lesson 03: 20分で Shade3D のモデリング体験

USE TOOL

Shade3D で行う基本的な操作の一通りの流れを体験してみましょう。いくつかの操作方法がある中でも、できるだけシンプルな方法を紹介します。ここでは、形状の細かい寸法は気にせずに作成を進めていきます。

作例 テーブルとグラス

練習フォルダ：no folder　完成フォルダ：Part2-03F

ここではテーブルとグラスを作りながら、モデリング→色の設定→表面材質→背景→光源の設定を行います。

完成までの手順

1. テーブルのモデリング

2. グラスのモデリング

3. 色の設定

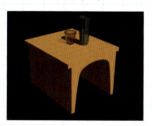
4. 表面材質の設定

5. 背景の設定

6. 光源の設定

完成見本

作成ポイント
- コントロールポイントを編集して形を整える
- モデルを作成する位置に座標を移動する
- マニピュレータの拡大縮小を活用する
- ShadeExplorer で質感を設定する

STEP 01 ❖ テーブルをモデリングする

01 新規シーンを開く

すでにソフトウェアが起動している場合は、[ファイル] メニューから [新規シーン] をクリックし❶、新しいワークスペースを開きます。

> **Point** Shade3D の起動方法
> Shade3D が起動していない場合は、P.21 の方法で起動します。

02 [右面図] に切り替える

[右面図] が大きく表示されるよう、[図面レイアウト] ボタン■をクリックし❶、図面レイアウトコントローラーの右下をクリックします❷。また、コントロールポイントが大きく表示されるよう [ラージポイント] ボタン■をクリックします❸。

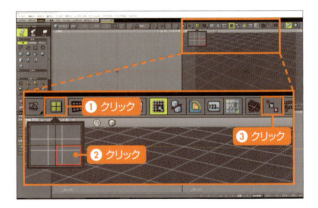

03 [閉じた線形状] を選択する

テーブルの側面形状を [閉じた線形状] で作成します。ツールボックスの [作成] → [一般] → [閉じた線形状] を選択します❶。

04 テーブルの形を作成する

画面には、縦のY軸と横のZ軸があります。テーブルはZ軸の上に乗り、Y軸は中心にくるように作成します。グリッドをたよりに、クリックしながら図のような形状を作成します❶〜⓫。脚の頂点部分はドラッグして曲線にします❼。最後の点でクリックして終了します⓬。

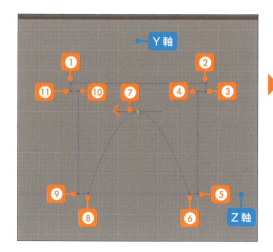
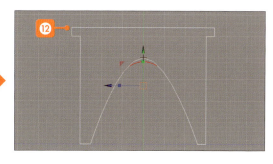

Point 操作の取り消し

誤った場所をクリックしたときなど、[Ctrl]（Macは[command]）+[Z]キーで解除することができます。

05 ［四面図］に切り替える

［図面レイアウト］ボタン▦をクリックし❶、図面レイアウトコントローラーの中央をクリックして［四面図］に画面を切り替えます❷。

COLUMN 配置がずれている場合

初期設定では原点に座標が設定されているため、でき上がった形状はそれぞれの図面の中央に配置されます。位置がずれている場合、作図する前に画面のどこかをクリックし、その位置に座標が移動したため、その場所に形状ができ上がっています。ずれた場合は、マニピュレータで形状が中央にくるようにドラッグして移動します。

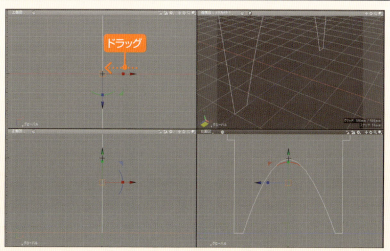

形状をクリックしてマニピュレータを表示し、［四面図］で、形状の位置をドラッグして中央に合わせる

06 画面の表示を変更する

［フィット］ボタンをクリックし、形状全体がそれぞれの図面に収まるようにします。［上面図］の［フィット］ボタン◎をクリックすると❶、［正面図］、［右面図］の図面は連動します。透視図の［フィット］ボタン◎もクリックし❷、中央に表示します。

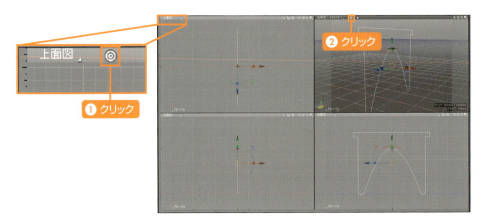

07 画面を移動する

形状の右側にスペースを作ります。［上面図］（または［正面図］）ウインドウの右上にある［スクロール］アイコン✥をドラッグし❶、図のようなスペースができるように図面をスクロールします。

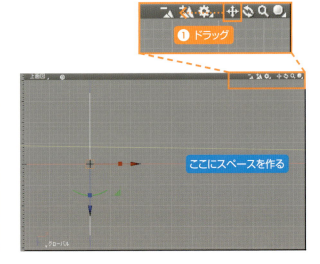

Point　スクロールの操作

スクロールは、space キーを押しながらマウスを動かす、またはマウスホイールで行うこともできます。

08 掃引体にする

テーブルに厚みをつけて立体にします。ツールボックスの［作成］→［一般］→［立体化］→［掃引体］をクリックします❶。［上面図］（または［正面図］）ウインドウで右方向にドラッグし❷、Enter（Mac はreturn）キーを押して確定します❸。

 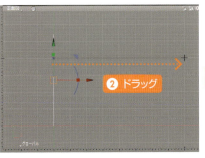 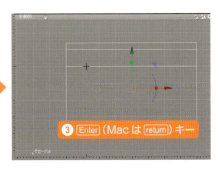

Lesson 03 ■ 20分でShade3Dのモデリング体験

09 中心に揃える

［上面図］で、図面中央（X軸とZ軸の交点）に形状がくるようにマニピュレータで移動し❶、Enter（Macはreturn）キーを押して確定します❷。

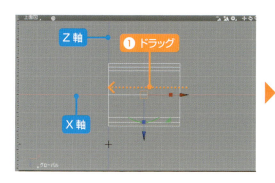
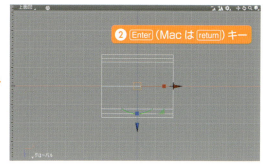

10 ［透視図］の表示を切り替える

［透視図］の表示は「ワイヤーフレーム」です。［表示切り替え］ポップアップメニュー をクリックし❶、メニューから［シェーディング＋ワイヤーフレーム］をクリックします❷。

ワイヤーフレーム

シェーディング＋ワイヤーフレーム

11 座標を移動する

テーブルの上にグラスを作成します。テーブルの中央にグラスが配置されるよう、［上面図］の中心をCtrl（Macはoption）キーを押しながらクリックし❶、座標を設定します。

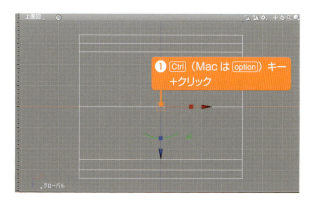

Point 座標の設定

図形がない場所に座標を設定する場合は、クリックだけで設定することができます。

55

STEP 02 ▸ グラスをモデリングする

01 ［正面図］をズームする

［正面図］の右上の［ズーム］アイコン🔍をドラッグし❶、図面を拡大表示します。スクロール✥でテーブルの上が大きく見えるように画面を調整します。

Point　マウスで拡大／縮小する

マウスホイールで図面の拡大縮小もできます。

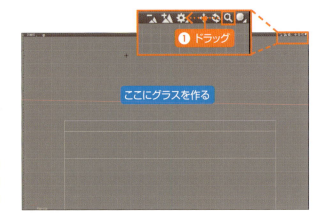

02 開いた線形状で作成する

グラスの断面を［開いた線形状］で作成します❶。形状の始点と終点がY軸に揃うように作成します。図を参考に直線（クリック）と曲線（ドラッグ）を組み合わせて形状を描き❷〜❿、終点でダブルクリックして終了します⓫。

Point　マニピュレータの非表示

コントロールポイントに表示されるマニピュレータは非表示にします（P.43参照）。

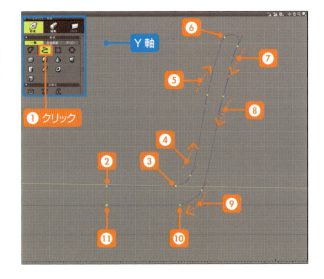

03 線形状を見やすくする

［形状編集］モードで（P.43参照）、編集している形状を見やすくするため、［オブジェクトカラーモードの選択］ボタン▦をクリックし❶、［形状色表示］を選択して表示を切り替えます❷。

Point　コントロールポイントの表示

図は［形状編集モード］ですべてのコントロールポイントを選択している表示になっています。

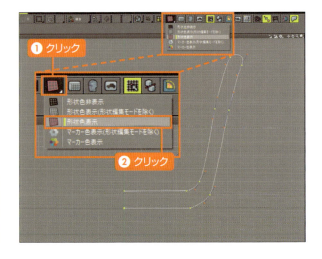

56

Lesson 03 ■ 20分でShade3Dのモデリング体験

04 線形状を編集する

コントロールポイントの位置や接線ハンドルを操作し、線の長さや傾きを編集して形を調整します❶❷。編集後は Enter （Mac は return ）キーを押して編集を完了します。

Point　接線ハンドルの表示

曲線の場合、コントロールポイントをクリックすると、接線ハンドルが表示されます。

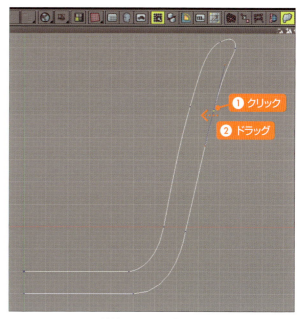

コントロールポイントや接線ハンドルを調整して編集する

05 回転体を作成する

グラスを立体にします。ツールボックスの［作成］→［一般］→［立体化］→［回転体］をクリックします❶。［正面図］のY軸（回転の中心軸に該当）をドラッグし❷、 Enter （Mac は return ）キーを押して確定します。

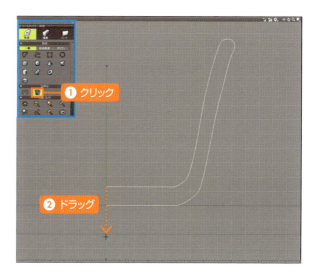

06 完成したグラスを確認する

グラスが完成しました。［四面図］ウインドウで確認しましょう。

57

STEP 03 ▶ グラスのサイズ調整とコピー

01 拡大／縮小する

マニピュレータの［拡大縮小］でグラスのサイズを調整します。マニピュレータボタンをクリックし❶、［拡大縮小］をクリックします❷。オレンジ色の中央をドラッグすると❸、均等に拡大縮小します。緑のY軸をドラッグすると縦方向に❹、赤のX軸をドラッグすると横方向に拡大縮小します❺。編集後、［統合］マニピュレータでテーブルの上に乗る位置に移動します。

 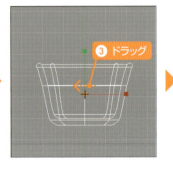 

02 ［ブラウザ］を確認する

作成した形状はそれぞれ［ブラウザ］に表示します。テーブルは「閉じた線形状の掃引体」でグラスは「開いた線形状の回転体」です。

Point 図形の選択

［ルートパート］をクリックすると、すべての図形が選択できます。

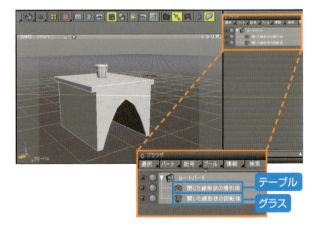

03 グラスをコピーする

グラスをコピーしてもう一つ作成します。グラスを選択している状態で、ツールボックスの［移動／複製］→［複製］→［直線移動］をクリックします❶。［上面図］で図のようにドラッグすると❷、コピーが作成されます。

58

| 04 | グラスの大きさを変更する |

コピーしたグラスをマニピュレータの[拡大縮小]で図のような形状になるように調整します❶。さらに、[統合]マニピュレータで位置を調整します❷。

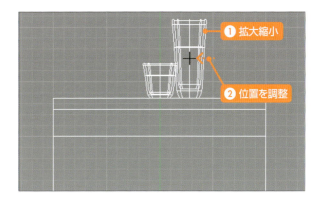

STEP 04 ▶ テーブルを編集する

| 01 | 線形状を編集する |

テーブルの脚の形状を編集します。[ブラウザ]からテーブルの形状（閉じた線形状の掃引体）をクリックして選択します❶。[形状編集]モードに切り替えると（P.43参照）、コントロールポイントが表示されます。

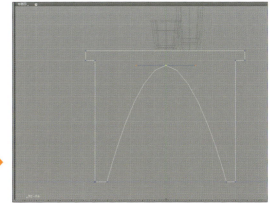

| 02 | コントロールポイントを追加する |

ツールボックスの[編集]をクリックし❶、[コントロールポイントを追加]をクリックします❷。コントロールポイントを増やす場所の線形状を交差するようにドラッグして❸❹、それぞれポイントを追加します。

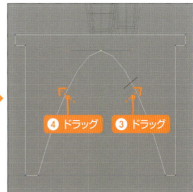

Point ショートカットキー

コントロールポイントは [X] + [Z]（Mac は [command] + [option]）キーを押しながらドラッグして追加することができます。

03 コントロールポイントを移動する

コントロールポイントを移動し❶❸、接線ハンドルを調整してテーブルの脚の形を編集します❷❹。

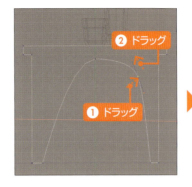
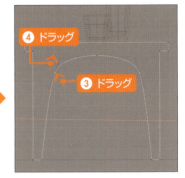

04 テーブルの編集を完了する

[Enter]（Macは[return]）キーを押し、編集を完了します。[透視図]の表示を調整します。

STEP 05 色を設定する

01 色を設定する

テーブルに色を設定します。[ブラウザ]でテーブル（閉じた線形状の掃引体）を選択します❶。[統合パレット]の[材質]をクリックし❷、[表面材質]ウインドウを表示します。[基本設定]の[拡散反射]のカラーボックスをクリックします❸。

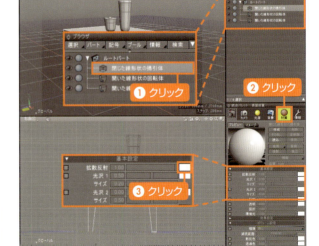

Point ［基本設定］項目の表示

図のように［基本設定］の内容が表示されていない場合は、▶をクリックすると項目が表示されます。

Lesson 03 ■ 20分で Shade3D の モデリング体験

02 カラーを設定する

［色の設定］ダイアログが表示されます（Macは［カラー］パネル）。［基本色］から茶色（ブラウン）を設定し❶、［OK］をクリックします❷。［拡散反射］に茶色が設定され❸、［透視図］でのテーブル形状に色がつきます❹。

Point 色の設定について

［色の設定］ダイアログボックスに茶色がない場合は、右側のカラーフィールをクリックするか、［赤］［緑］［青］に数値を指定しても設定できます。

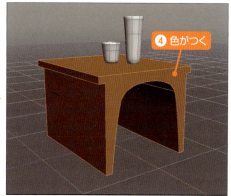

STEP 06 ▶ 質感を表現する

01 ShadeExplorer を表示する

［ShadeExplorer］に収録されているテクスチャを設定します。ワークスペースセレクタの［レイアウト］をクリックします❶。［透視図］が大きく表示され、画面下に［ShadeExplorer］が表示されます。

61

02 表面材質カタログを更新する

[ShadeExplorer]のカタログから[プリセット]のトグルボタン▶をクリックすると❶、項目が表示されます。[表面材質]の🔄をクリックします❷。

> **Point** [ShadeExplorer]のプリセットについて
>
> プリセットの項目が表示されない場合、Shade3Dに同梱されている「Shade3DContent」ファイルをインストールしてから行ってみてください。なお、体験版では「Shade3DContent」は同梱されていません。

03 表面材質カタログを更新される

カタログ更新のダイアログが表示されるので[OK]をクリックすると❶、データの読み込みが始まります。終了後一覧が表示されます。

 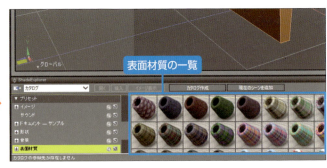

04 形状に表面材質を設定する

グラスにはガラスのテクスチャ、テーブルには木目のテクスチャをそれぞれ設定します。[ブラウザ]で形状をクリックして選択し❶、パレットのテクスチャをダブルクリックして表面材質を設定します❷。

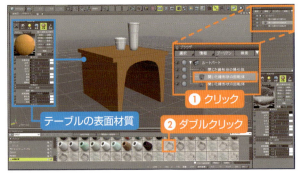

ここでは、テーブルは「hnk_08.shdsfc」、グラス(小)は「glss_014.shdsfg」、グラス(大)は「glss_144.shdstg」を設定

62

Lesson 03 ■ 20分でShade3Dのモデリング体験

05 [ブラウザ]を確認する

[ブラウザ]の表示を確認すると、画像ファイルが使われているテクスチャは、イメージファイルが登録されます❶。

STEP 07 ▸ 背景色を設定する

01 ワークスペースを切り替える

ワークスペースをレンダリングに切り替えます。ワークスペースセレクタの[レンダリング]をクリックします❶。左側に表示される透視図でプレビューレンダリングを確認することができます。現在、テーブルの側面のテクスチャが反映されていません。

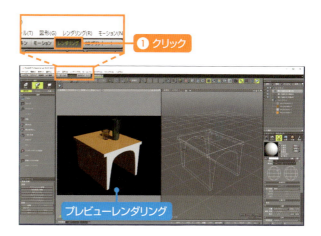

02 投影方法を切り替える

テーブルのテクスチャの投影方法を切り替えます。統合パレットの[表面材質]→[投影]→[ラップ]をクリックし❶、表示されるメニューから[ボックス]をクリックします❷。側面にもテクスチャが貼られました。

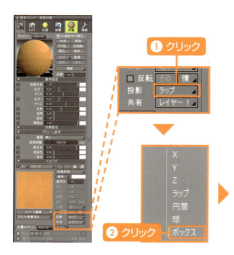

03 ［背景］を表示する

背景色を変更します。［統合パレット］の［背景］をクリックします❶。背景は上半球と下半球の2つに分かれており、ここでは［下半球基本色］のカラーボックスをクリックします❷。

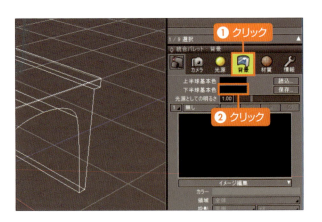

04 背景色を設定する

［色の設定］ダイアログ（Macは［カラー］パネル）が表示されます。［基本色］からグレーを設定し❶、［OK］をクリックします❷。色を変更します❸。

Point　色の設定について

［色の設定］ダイアログにグレーがない場合は、右側のカラーフィールをクリックするか、［赤］［緑］［青］に数値を指定しても設定できます。

05 背景色が設定される

［背景］の［下半球基本色］がグレーになり❶、［透視図］の背景がグレーに変更されます。

Lesson 03 ■ 20分で Shade3D の モデリング体験

STEP 08 ▶ 光源を設定する

01 **[無限遠光源] を表示する**

光のあたり方を編集します。[統合パレット] の [光源] をクリックします❶。[無限遠光源] パネルの [左半球] の光源を変更します。

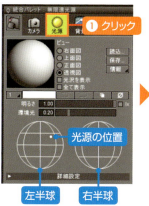

02 **光源を設定する**

[左半球] 上をクリックして光源の位置を変更することができます。[透視図] のレンダリング結果を見ながら調整します。

STEP 09 ▶ レンダリング設定：ファイルを保存する

01 **ファイルを保存する**

ファイルを保存します。[ファイル] メニュー→ [名前を付けて保存] の順にクリックします❶。

65

02 ファイル名を付ける

[名前を付けて保存] ダイアログが表示されるので、保存する場所を指定します❶。[ファイル名]（Macは[名前]）にファイル名を入力し（ここでは「作例1」）❷、[保存] ボタンをクリックします❸。

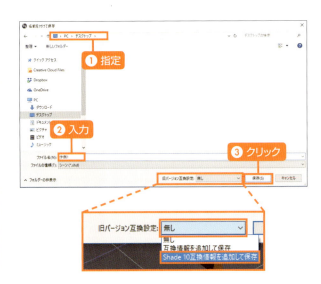

Point

保存時に[旧バージョン互換設定]でバージョンとの互換性を設定することが可能です。ファイル名はコントロールバーの上にタブとして表示されます。

STEP 10 レンダリングしてイメージを保存する

01 レンダリングを実行する

[イメージウインドウ] を表示してレンダリングを行います。[レンダリング] メニュー→[レンダリング開始] の順にクリックします❶。

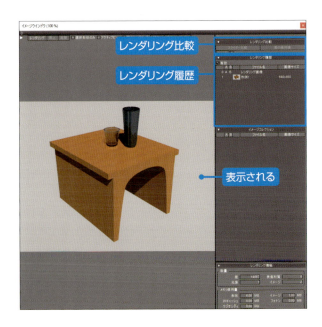

02 レンダリング結果が表示される

[イメージウインドウ] が表示され、レンダリングが開始します。レンダリングが終わると、プレビューに結果が表示されます。

Point　Professional 版の機能

Shade3D Professional 版のみ [レンダリング比較] や [レンダリング履歴] の機能があります。

Lesson 03 ■ 20分でShade3Dのモデリング体験

03 イメージを保存する

レンダリング結果を、画像イメージとして保存します。[イメージウインドウ]の右上の[保存]ボタンをクリックし❶、表示されたメニューから[保存]をクリックします❷。

04 ファイル名を付ける

[名前を付けて保存]ダイアログが表示されるので、保存する場所を指定し❶、[ファイル名](Macは[名前])にファイル名を入力します❷（初期設定では「_image」が追加されます）。

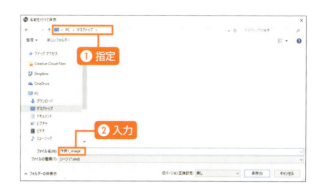

05 ファイルの種類を選択して保存する

[ファイルの種類](Macは[フォーマット])をクリックし❶、ファイル形式（ここでは「JPEG」）を選択します❷。[保存]ボタンをクリックします❸。

67

06 イメージファイルが作成される

P.67 で保存したモデルデータとレンダリングイメージの 2 つのファイルが保存できました。

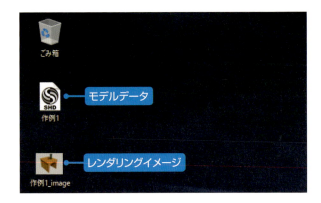

COLUMN　レンダリング設定

左上のトグルボタン をクリックし❶、レンダリング設定を開きます。初期設定では、レンダリングの［手法］が［レイトレーシング］、［面の分割］が［普通］になっています。ここでは、［手法］を［パストレーシング］、［面の分割］を［最も細かい］に変更し❷、［レンダリング］ボタンをクリックし❸、レンダリングをやり直します。レンダリングの結果は、より高画質で曲面が綺麗に表現された状態になります。

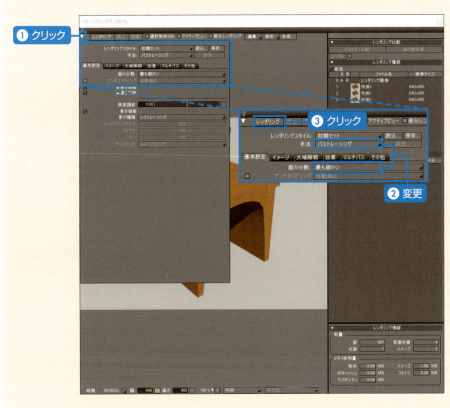

Part

3

インテリア小物の
モデリング

Part3 では、本や椅子などのインテリア小物を作ります。
Shade3D では、制作する形状に合わせて適した
ツールが用意されています。
ツールを使い分けながら、効率的に作業する方法を
学びましょう。

Part3 インテリア小物のモデリング

Lesson 01 ▸ 知っておこう！形状の違いについて

USE TOOL ▸

立体形状を作成する［掃引体］［回転体］ツール、Shade3D独自のモデリング手法である［自由曲面］でインテリア小物を作成します。自由曲面の作成方法には掃引体や回転体を自由曲面に変換する、線形状を自由曲面パートにまとめる、断面形状を記憶したパスに沿って掃引する方法があります。

STEP 01 ▸ この章で作成する小物

この章で作成する小物と、その小物を作成するために使用する形状は以下の通りです。

本：掃引体
スタンド：回転体
クッション：
　自由曲面❶（自由曲面に変換）
カーテン：
　自由曲面❷（自由曲面パート）
寝椅子：自由曲面❸（記憶・掃引）

STEP 02 ▸ 掃引体と回転体の特徴

01　掃引体の特徴

掃引体は、平面形状を一定方向に押し出して厚みをつけた立体形状です。押し出す形状を［上面図］、または［正面図］や［右面図］に作成し、垂直方向から見た画面で実行します。

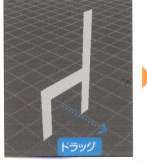 

［右面図］で作成した線形状を掃引体に

70

Lesson 01 ■ 知っておこう！ 形状の違いについて

02 回転体の特徴

回転体は、断面形状を作成して指定した軸を基準に回転させて作成する形状です。
回転軸はドラッグして指定します。

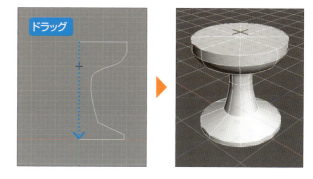

STEP 03 ▶ 自由曲面の特徴：一点に収束でふたを作成する

01 自由曲面に変換する

掃引体や回転体と自由曲面の違いを見てみましょう。図は「直方体」で作成した形状です（p.37 参照）。
自由曲面にするため、ツールパラメータの「自由曲面に変換」をクリックします。
変換後の見た目は特に変わりません。

 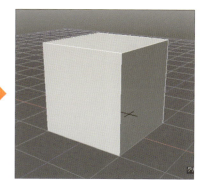

02 自由曲面パートの線形状

［ブラウザ］を確認すると、自由曲面に変換した形状は新規にパートが作成され、「自由曲面パート」の中に入った 2 つの線形状と、その他の 2 つの線形状で構成されています。「自由曲面パート」のみ選択し、[レンダリング] メニュー→ [レンダリング開始（選択形状のみ）] を実行すると、線形状を縦につなぐように面ができています。

［ブラウザ］の「自由曲面パート」の中の線形状

 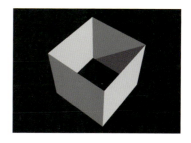

03 自由曲面パートの外の線形状

その他の2つの「閉じた線形状」を選択して［レンダリング］メニュー→［レンダリング開始（選択形状のみ）］でレンダリングすると、上下にある線形状は面があり、ふたになっています。

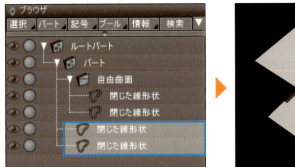

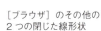
［ブラウザ］のその他の2つの閉じた線形状

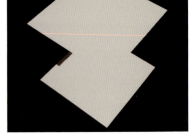

04 自由曲面パートにふたを作成する

角に丸みをつけるなどの編集をする場合、自由曲面にふたが必要になります。ふたを作成するために外にある閉じた線形状を「自由曲面パート」に中に入れます。その場合、線形状の順番が上下に揃うように入れることがポイントです。

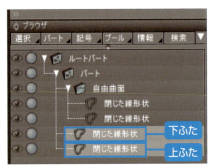

［ブラウザ］で「自由曲面パート」外の閉じた線形状を「自由曲面パート」の中に入れる

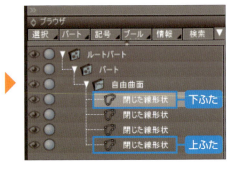

05 一点に収束を実行する

自由曲面でふたを作るためには、線形状を［一点に収束］を実行します。これは線形状のコントロールポイントを1点に集めることにより面を張る方法です。「自由曲面パート」の一番上と一番下の［閉じた線形状］をそれぞれ選択し❶、ツールボックスの［編集］→［一点に収束］を選択して作成します❷。

Lesson 01 ■ 知っておこう！ 形状の違いについて

COLUMN　ふた作成の失敗例

［自由曲面パート］に入れる線形状の順番を間違えると、一点に収束した際に正しくふたが作れません。その場合は正しい順序に線形状を入れ替えます。

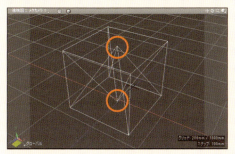
線形状の順番が間違っている場合

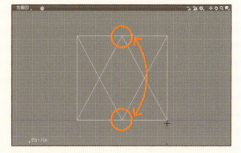
順番が逆になっている

STEP 04 ▸ 自由曲面の特徴：線形状の順序

01　自由曲面パートを作成する

ツールボックスの［パート］で［自由曲面］パートを作成し、線形状を順番に入れて作成する方法です。

［自由曲面］で自由曲面パートを作成する

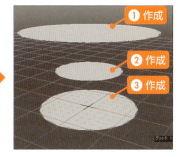

高さが違う位置に線形状を作成する

02　順番に気をつける

自由曲面は連なった線形状をつなげてでき上がる立体形状のため、正しく形状を作成するためには、順序が重要になります。

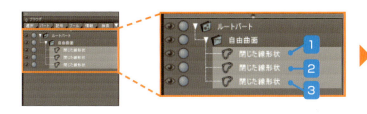

Point　円から線形状に変換する

［円］ ⬤ で作成した場合、ツールパラメータで［線形状に変換］を実行してから自由曲面パートに入れます。

03 交差方向に切り替える

自由曲面は水平方向と垂直方向に交差する線形状で作成されます。ツールボックスの［編集］→［切り替え］を選択すると❶、交差する方向の線形状に切り替わります。形状を編集する方向に合わせて線形状を切り替えます。

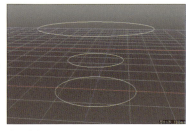
水平方向
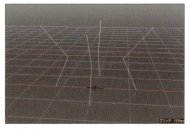
垂直方向

STEP 05 ▶ 自由曲面の特徴：曲がったパイプの形状を作成する

01 線形状を記録して掃引を実行する

パイプを曲げる形などを作成する場合に便利な方法で、曲げたい形状（パス）とパスの始点に垂直に当てた断面形状を作成し❶、パスをツールパラメータの［記憶］ボタンで記憶して❷、そのあと断面形状を選択し❸、［掃引］ボタンをクリックします❹。

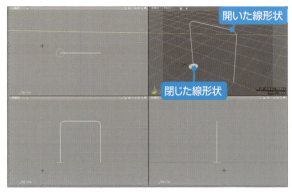
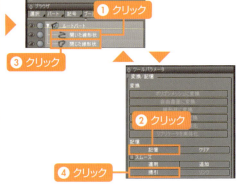

02 記憶形状について

断面形状がパスに沿って押し出され自由曲面が作成されます。作成後も記憶したパスの線形状は残り、不要な場合は削除します。

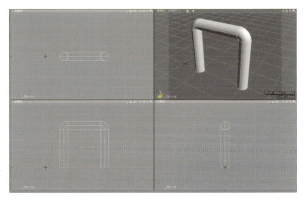

74

Part3　インテリア小物のモデリング

Lesson 02 : 掃引体モデリング：本を作成する

USE TOOL

掃引体で本を作成します。本は閉じているものと開いているものを作例寸法に合わせて作成します。

作例　閉じた本と開いた本

練習フォルダ：no folder　完成フォルダ：Part3-2F

閉じた本、開いた本の断面を線形状で作成し、掃引体で押し出して立体形状を作成します。また、寸法に合わせて作成する手順を解説します。

完成見本

作成ポイント：閉じた本
- 同位置に複製する
- 閉じた線形状と開いた線形状の切り替え
- 角の丸め

作成ポイント：開いた本
- 複製のリピート

寸法

[閉じた本]　50／185／185／260　[上面]／[側面]

[開いた本]　378／260／50　上面と正面の寸法

STEP 01 ▸ 閉じた本の作成：本のベースを作成する

01 長方形を作成する

［ファイル］メニュー→［新規シーン］で新しいワークスペースを開きます（p.44参照）。
ツールボックスの［作成］→［長方形］■を選択し❶、［上面図］に適当な大きさの長方形を作成します。

02 サイズを設定する

統合パレットの［形状情報］で形状の位置とサイズを設定します。［バウンディングボックス］の［位置］に「X=0/Y=0/Z=0」❶、［サイズ］に「X=50/Z=185」を指定します❷。

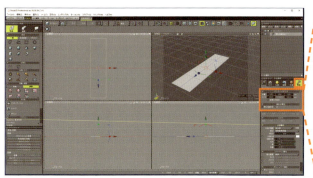

03 掃引体にする

長方形を立体にします。
ツールボックスの［作成］→［掃引体］■を選択し❶、［正面図］で図形の上にマウスポインタを移動して上方にドラッグします❷。統合パレットの［形状情報］→［掃引］に［Y=260］を入力します❸。

76

Lesson 02 ■ 掃引体モデリング：本を作成する

04 開いた線形状にする

統合パレットの［形状情報］→［閉じた線形状］のチェックを外し①、開いた線形状にします②。これは本のカバーになります。

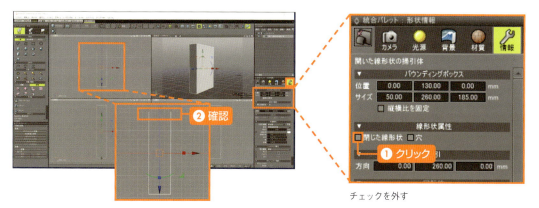

チェックを外す

STEP 02 閉じた本の作成：本の角を丸める

01 形状編集モードに切り替える

コントロールバーの［オブジェクト］をクリックし①、［形状編集］を選択します②。

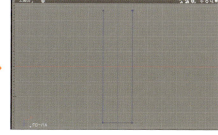

［形状編集］モード

02 角を丸める

コーナーを丸めます。
左下のコントロールポイントをクリックし①、選択します。ツールボックスの［編集］→［角の丸め］をクリックします②。

77

03 半径を設定する

ツールパラメータの［半径］を［25mm］に設定し❶、［確定］ボタンをクリックします❷。

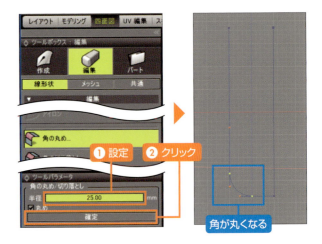

04 右の角も丸める

同様に右下のコントロールポイントも［角の丸め］を実行します❶❷。［半径］には先に入力した［25mm］のままになっているので❸、そのまま［確定］ボタンをクリックします❹。

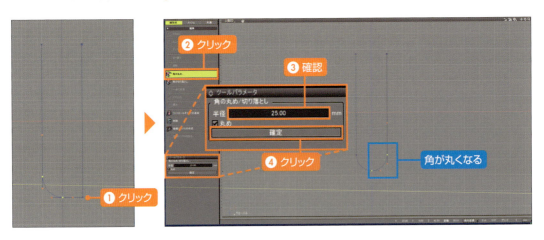

STEP 03 ▸ 閉じた本の作成：複製して本の中身を作る

01 オブジェクトモードに切り替える

コントロールバーの［形状編集］をクリックし❶、［オブジェクト］を選択します❷。

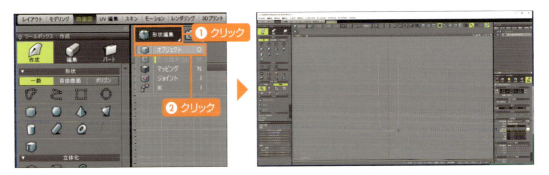

Lesson 02 ■ 掃引体モデリング：本を作成する

02 カバーを複製する

本の中身を作成するため、カバーの形状を同位置に複製します。ツールボックスの［作成］→［移動／複製］→［複製］をクリックし❶、［直線移動］を選択します❷。図形ウインドウをクリックし❸、［ブラウザ］を確認すると、［開いた線形状の掃引体］が増えています❹。

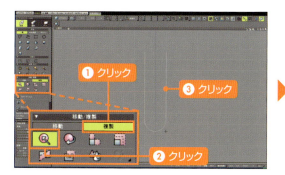
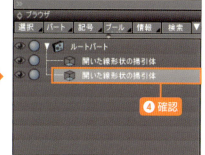

03 ［閉じた線形状］にチェックを入れる

統合パレットの［形状情報］→［閉じた線形状］にチェックを入れます❶。

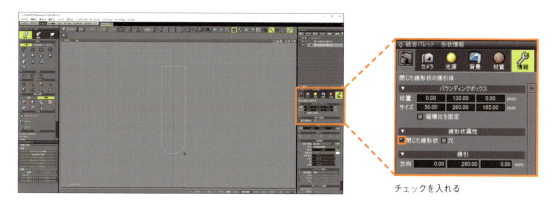

04 サイズを入力する

本の中身をカバーの図形より2mmずつサイズを小さくします。コントロールバーのマニピュレータボタンから［サイズ］を選択します❶。各部にサイズを直接入力します。縦に「183」❷、横に「48」をクリックして入力します❸。終了後、マニピュレータを［統合］に戻します。

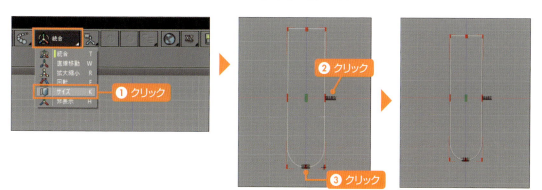

79

05 本の形状を編集する

コントロールポイントを追加し、形状を編集します。コントロールバーから［形状編集］モードに切り替えます❶。ツールボックスの［編集］→［コントロールポイントを追加］を選択します❷。

06 コントロールポイントを追加する

線形状の中上を交差するようにドラッグします❶。コントロールポイントが追加されます❷。

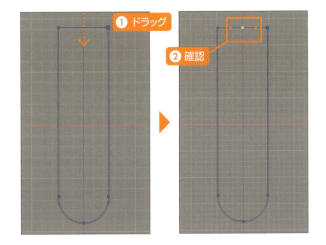

07 コントロールポイントを移動する

コントロールポイントを下方向にドラックして移動し❶、くぼみを作成します。編集後、［オブジェクト］モードに切り替えます。

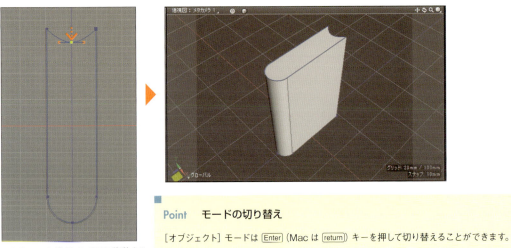

コントロールポイントを下に移動する

▪ **Point　モードの切り替え**

［オブジェクト］モードは Enter （Mac は return ）キーを押して切り替えることができます。

Lesson 02 ■ 掃引体モデリング：本を作成する

STEP 04 ▶ 閉じた本の作成：カバーに色をつける

01　カバーの色を設定する

カバーの形状のみ色を設定します。
[ブラウザ]でカバーの「開いた線
形状の掃引体」を選択します❶。
統合パレットの[表面材質]を選択し、
[基本設定]→[拡散反射]の右
のカラーボックスをクリックします❷。

02　色を選択する

[色の設定]ダイアログ（Macは[カ
ラー]パネル）が表示されます。[基
本色]から赤（レッド）を設定し❶、
[OK]をクリックします❷。

■ **Point　色の設定について**

[色の設定]ダイアログボックスにない色は、右
側のカラーフィールをクリックするか、[赤][緑]
[青]に数値を指定しても設定できます。

03　カバーの色を確認する

[拡散反射]に赤が設定され❶、[透
視図]で確認すると、カバーの形状
に色がつきます❷。

■ **Point　名前を付けて保存する**

完成後、名前を付けて保存します（p.24参照）。

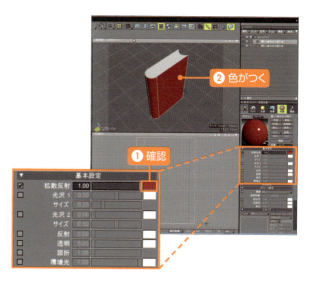

81

STEP 05 ▸ 開いた本の作成：本の見開き形状を作成する

01 開いた本を作成します。
［ファイル］メニュー→［新規シーン］で新しいワークスペースを開きます。ツールボックスの［作成］→［開いた線形状］を選択し❶、［正面図］にジグザグの形状をクリックして作成します❷〜❺。最後はダブルクリックして終了します❻。

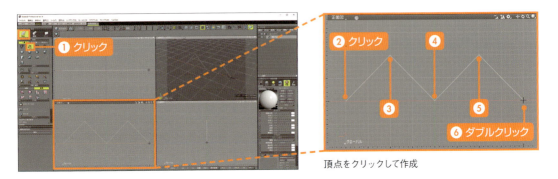

頂点をクリックして作成

02 ### サイズを変更する

統合パレットの［形状情報］で形状の位置とサイズを設定します。［バウンディングボックス］の［位置］に「X=0/Y=25/Z=0」❶、［サイズ］に「X=370/Y=50」を入力します❷。

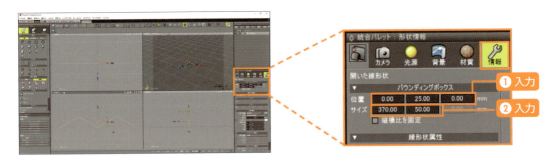

03 ### 接線ハンドルを作成する

頂点を曲線に編集します。
コントロールバーの［形状編集］モードに切り替えます❶。ツールボックスの［編集］→［接線ハンドルの作成］をクリックします❷。

Lesson 02 ■ 掃引体モデリング：本を作成する

04 接線ハンドルを編集する

[正面図] で形状の頂点のコントロールポイントをドラッグし❶、接線ハンドルを作成して曲線にします（反対側も同様に編集します❷）。頂点のコントロールポイントを移動して形状を整えます❸❹。

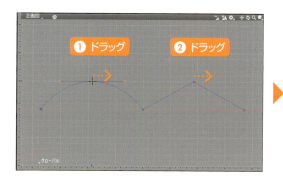

05 掃引体にする

コントロールバーの [オブジェクト] モードに切り替えます❶。ツールボックスの [作成] → [掃引体] をクリックします❷。[上面図] で線形状を図の方向にドラッグします❸。

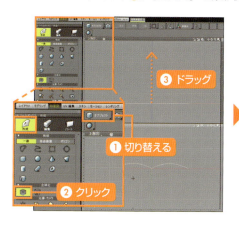
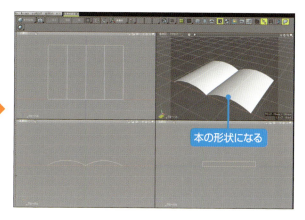

06 ［掃引］に数値を入力する

本のサイズを入力します。統合パレットの [形状情報] → [掃引] に「Z＝－260」を入力します❶。

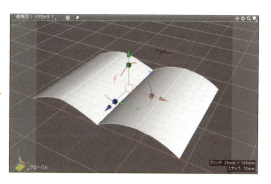

83

07 形状を複製する

形状を複製して本のページを増やします。

ツールボックスの［作成］→［複製］→［直線移動］を選択します❶。［正面図］で線形状を上にドラッグします❷。

08 形状を複製する

［ツールパラメータ］の［距離］に「5mm」❶、［繰り返し］に「5」を入力し❷、［確定］をクリックします❸。

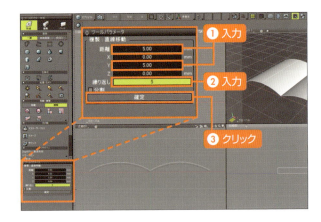

09 ［ブラウザ］を確認する

［ブラウザ］を確認します。5mm移動した複製が5回繰り返され、開いた線形状が追加されます。

Point　名前を付けて保存する

完成後、名前を付けて保存します（p.24参照）。

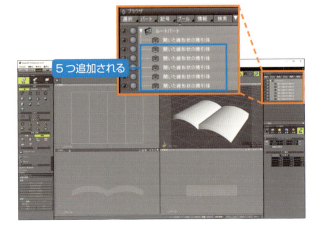

Part3　インテリア小物のモデリング

Lesson 03 回転体モデリング：デスクスタンドを作成する

USE TOOL

回転体でデスクスタンドを作成します。

作例　デスクスタンド

練習フォルダ：no folder　完成フォルダ：Part3-3F

デスクの上に置く照明器具を作成します。今回はランプなどの中身は作成せず、表面に見える部分のみガイドになる形状を作成し、形を作っていきます。

完成見本

作成ポイント
- ガイド図形を作成する
- コントロールポイントの数値移動
- 回転体にするときの座標に注意
- 回転体作成後の編集

寸法

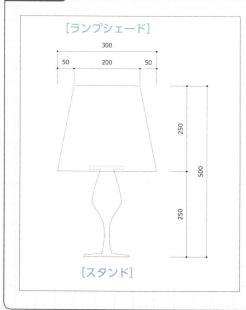

[ランプシェード]
300
50　200　50
250
500
250
[スタンド]

[ランプシェード]
幅（上）：200mm
幅（下）：300mm
高さ：250mm

デスクスタンド高さ：500mm

85

STEP 01 ▶ ガイド図形を作成する

01 長方形を作成する

[ファイル]メニュー→[新規シーン]で新しいワークスペースを開きます。寸法を捉えやすくするためにガイドとなる図形を作成します。
ツールボックスの[作成]→[長方形]■を選択し❶、[正面図]で長方形を作成します❷。

02 サイズを設定する

統合パレットの[形状情報]でガイド図形の位置とサイズを設定します。[バウンディングボックス]の[位置]に「X=0」「Y=250」「Z=0」❶、[サイズ]に「X=300」「Y=500」を入力します❷。図のような形状が作成されます❸。

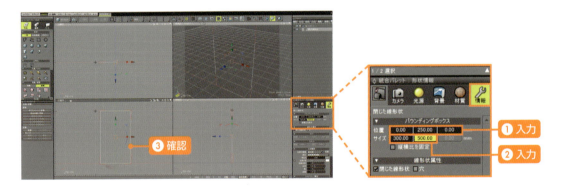

03 線形状を作成する

ランプシェード用のガイド図形を作成します。ツールボックス[複製]の[直線移動]■を選択します❶。画面をクリックし❷、[ブラウザ]を確認すると❸、図形が同じ位置に複製されます。

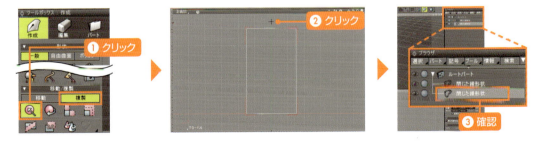

86

Lesson 03 ■ 回転体モデリング：デスクスタンドを作成する

04 サイズを設定する

統合パレットの［形状情報］でガイド図形の位置とサイズを設定します。［バウンディングボックス］の［位置］に「X=0」「Y=375」「Z=0」❶、［サイズ］に「X=300」「Y=250」を指定します❷。図のような形状が複製されます❸。

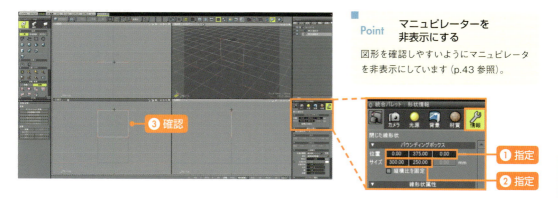

Point マニュピレーターを非表示にする

図形を確認しやすいようにマニュピレータを非表示にしています（p.43 参照）。

STEP 02 ▶ ランプシェードとスタンドを描く

01 線形状を作成する

ランプシェード用の図形を作成します。ツールボックスの［作成］→［開いた線形状］を選択します❶。［正面図］で、上のガイド図形に沿って線形状を作成します。描き始めをクリックし❷、最後はダブルクリックして終了します❸。

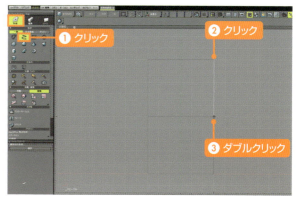

ガイド図形に沿って描く

02 コントロールポイントを選択する

コントロールバーで［形状編集］モードに切り替えます❶。上のコントロールポイントを選択します❷。

87

03 コントロールポイントの数値を入力して移動する

ツールボックスの［作成］→［移動］→［数値入力］をクリックし❶、画面をクリックします❷。［トランスフォーメーション］が開きます。［直線移動］の［X］に「－50」を入力し❸、［OK］ボタンをクリックします❹。コントロールポイントが左に50mm移動します❺。

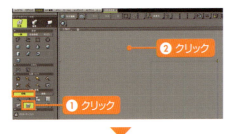

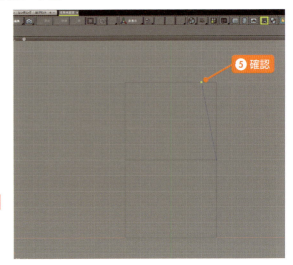

STEP 03 スタンドを作成する

01 スタンドの断面を描く

スタンドの形状を作成します。
ツールボックスの［作成］→［開いた線形状］を選択します❶。［正面図］でY軸を基準にしてスタンドの断面となる形状をクリック（直線）とドラッグ（曲線）を使って自由に形を作成します❷〜❾。

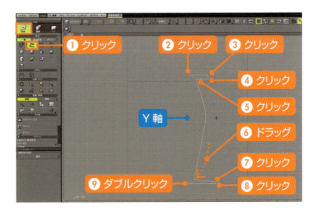

COLUMN 形状の編集

形状を修正する場合は、コントロールバーで［形状編集］モードに切り替えて、コントロールポイントや接線ハンドルを動かして調整します。

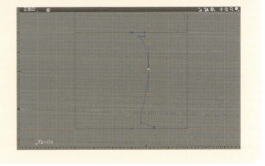

02 ガイド図を選択する

ガイドの図形を削除します。［ブラウザ］からガイド図の［閉じた線形状］を Shift キーを押しながら2つ選択します❶❷。

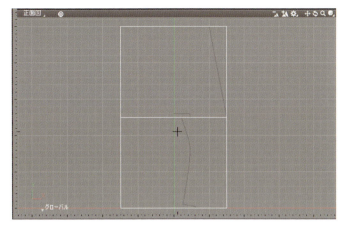

ガイドの図形が選択される

03 ガイド図を削除する

Delete キーを押して削除します❶。［ブラウザ］にはランプシェードとスタンドの［開いた線形状］が2つ残ります。

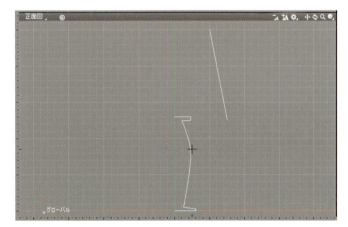

04 座標値を確認する

ランプシェードとスタンドの図形を回転体で作成します。実行する前に線形状がX軸の上にあることを確認します❶。

Point　配置の修正

ずれている場合は先に形状を移動しておきます（p.53 参照）。

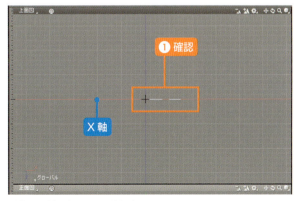

形状がX軸の上にあるか確認する

05 回転軸を指定する

回転軸を指定します。[上面図] で原点を Ctrl (Mac は option) キーを押しながらクリックします❶。

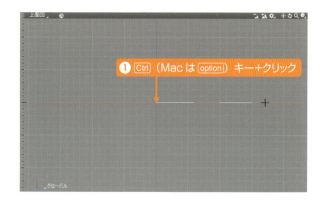

06 回転体にする

ツールボックスの [作成] → [回転体] を選択します❶。[正面図] で Y 軸状をドラッグします❷。

Point　モードを確認する

回転軸を指定したときに [形状編集] モードに切り替わった場合は、回転体にする前に [オブジェクト] モードに戻します。

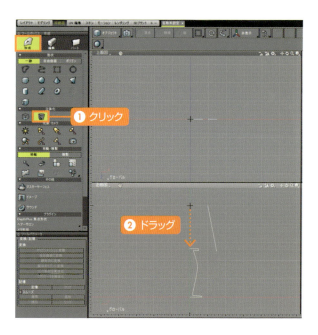

07 ランプシェードとスタンドを確認する

図形ウインドウで確認します。スタンドが完成しました。

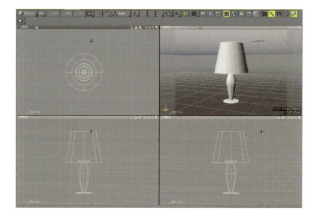

Lesson 03 ■ 回転体モデリング：デスクスタンドを作成する

STEP 04 ▶ スタンドの形状を編集する

01 回転体を選択する

スタンドの形状を編集します。［ブラウザ］からスタンド形状の［開いた線形状の回転体］を選択します❶。

02 回転体を編集する

コントロールバーから［形状編集］モードに切り替えます❶。［正面図］でコントロールポイントを外側にドラッグして移動すると❷、全体が膨らんだ形状になります。

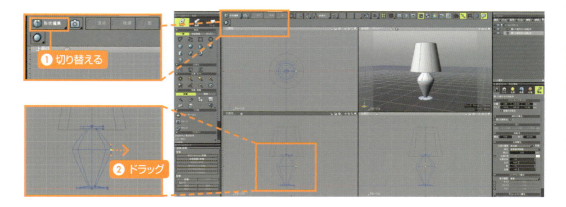

03 コントロールポイントを追加する

ツールボックスの［編集］→［コントロールポイントを追加］をクリックし❶、スタンド形状の線形状を横切るようにドラッグしてポイントを追加します❷。

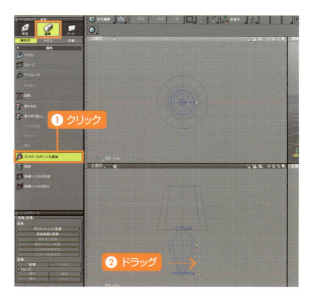

91

04 スタンドの形状を編集する

スタンド形状のコントロールポイントを移動し❶、形状を編集します。

> **Point　モードを切り替える**
> 編集終了後は[オブジェクト]モードにします。

STEP 05 ランプシェードのテクスチャを編集する

01 ランプシェードにテクスチャを設定する

[ブラウザ]からランプシェードの[開いた線形状の回転体]を選択します❶。

02 ランプシェードにテクスチャを設定する

統合パレットの[表面材質]を選択し❶、テクスチャを設定します。[拡散反射]に色の設定を設定し❷、[透明]の透過率をここでは「0.3」に設定します❸。完成したら名前を付けて保存します（p.24 参照）。

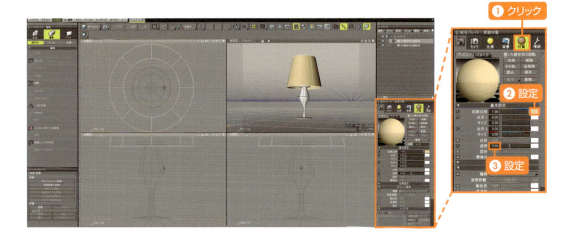

Part3 インテリア小物のモデリング

Lesson 04: 自由曲面モデリング：クッションを作成する

USE TOOL

自由曲面は［ベジェ曲線］で構成された形状を編集して複雑な三次元曲面を作成することができます。ここでは、自由曲面に変換する、自由曲面パートに入れる、線形状を記憶・掃引して自由曲面を作る方法で曲面の形状を作成します。

作例 クッション（難易度：☆）

練習フォルダ：no folder　完成フォルダ：Part3-4F

基本的な形状を掃引体で作成し、その後、自由曲面に変換してクッションの柔らかい曲面を作成していきます。

完成見本

作成ポイント
- 線形状を［一点に収束］を実行してクッションの形状にする
- 線形状の方向を切り替える
- ［スムーズ］を実行してクッションにふくらみをつける
- ShadeExplorer でテクスチャを設定する

寸法

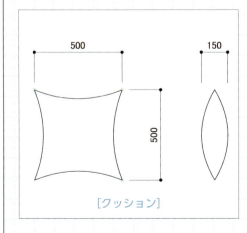

［クッション］
　幅：500mm
　高さ：500mm
　厚み：150mm

STEP 01 クッションの断面形状を描く

01 クッションのガイドを作成する

新規シーンを作成し、クッションの断面になる形状を作成します。最初にガイドを作成します。
ツールボックスの[作成]→[長方形]■を選択し❶、[上面図]に適当な大きさの長方形を作成します。

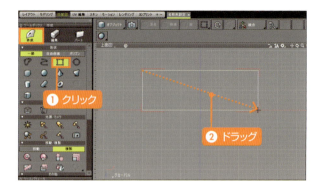

02 位置とサイズを設定する

統合パレットの[形状情報]で図の位置とサイズを設定します。[バウンディングボックス]の[位置]に「X=0」「Y=0」「Z=0」❶、[サイズ]に「X=500」「Z=150」を入力します❷。

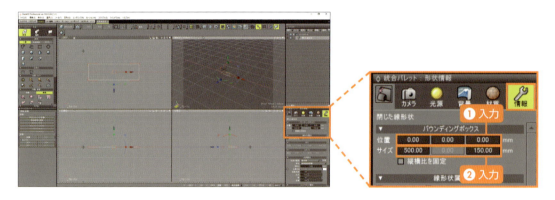

03 断面形状を作成する

曲面のあるクッションの断面を作成します。ツールボックスの[作成]から[閉じた線形状]■を選択します❶。[上面図]でガイドに沿って図のような形状を作成します❷〜❻。曲線部分は接線ハンドルが水平になるようにドラッグします❸❺。

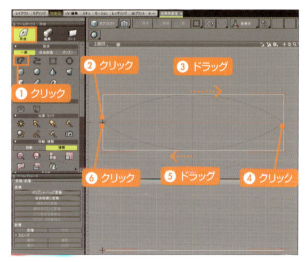

94

Lesson 04 ■ 自由曲面モデリング：クッションを作成する

04 ガイドの形状を削除する

ガイドにした［閉じた線形状］を［ブラウザ］から選択し、Delete キーを押して削除します❶。

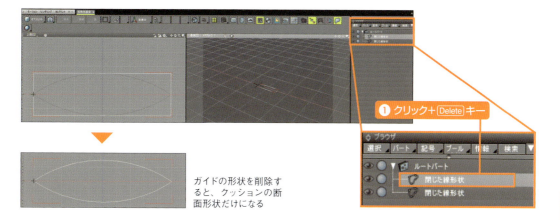

ガイドの形状を削除すると、クッションの断面形状だけになる

STEP 02 断面形状を掃引体で立体にする

01 断面形状を掃引体にする

クッションの断面を［掃引体］で立体にします。ツールボックス［作成］から［掃引体］を選択します❶。
［正面図］で形状の上から上方向にドラッグし、Enter（Mac は return）キーで確定します❷。

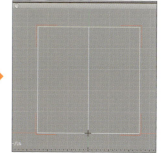

02 サイズを変更する

統合パレットの［形状情報］→［掃引］を「Y=500」に設定します❶。

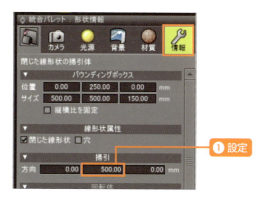

03 自由曲面に変換する

[ブラウザ]でクッションの形状（閉じた線形状）が選択されていることを確認し❶、[ツールパラメータ]の[自由曲面に変換]をクリックします❷。自由曲面パートに変換されます❸。

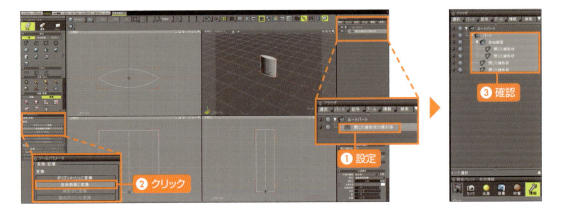

04 ふたを削除する

自由曲面パートの外にある閉じた線形状を削除し❶、上下のふたを取ります。

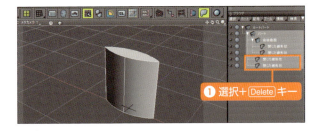

05 線形状の方向を切り替える

垂直方向の線形状に切り替えます。[ブラウザ]でクッションの形状が選択されていることを確認し❶、ツールボックスの[編集]→[切り替え]を選択します❷。線形状の方向が変わります❸。

Lesson 04 ■ 自由曲面モデリング：クッションを作成する

06 コントロールポイントを追加する

［形状編集］モードに切り替え❶、［正面図］でコントロールポイントを追加します。ツールボックスの［編集］→［コントロールポイントを追加］をクリックし❷、クッションの左の縦の線形状の1/2の高さをドラッグします❸。

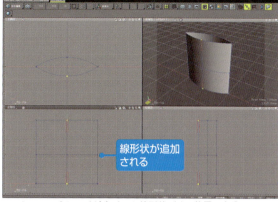

コントロールポイントを追加すると線形状がその位置に生成される

07 線形状の方向を切り替える

クッション上下の水平方向の線形状を綴じ込みます。ツールボックスの［編集］→［切り替え］を選択し❶、［ブラウザ］で「閉じた線形状」に切り替わったことを確認します❷。

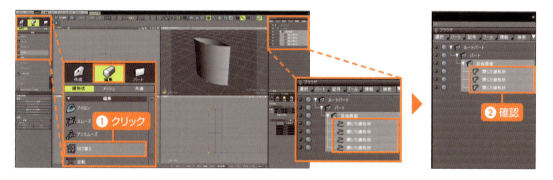

08 コントロールポイントを複数選択する

［ブラウザ］でクッション下の線形状を選択します❶。［上面図］で上下中央のコントロールポイントを囲うようにドラッグして選択します❷。

Point　コントロールポイントの選択方法

Ctrl（Macはcommand）キーを押しながらクリックして複数のコントロールポイントを選択することもできます。

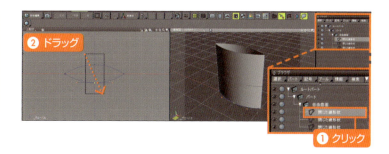

97

09 クッションの下を綴じる

2点のコントロールポイントが選択されていることを確認し❶、ツールボックスの［編集］→［一点に収束］を選択します❷。コントロールポイントが収束され、クッションの下が綴じられます。

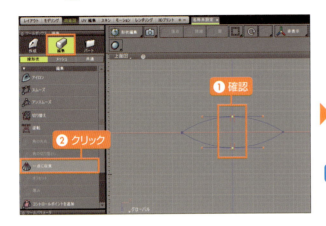
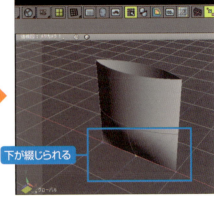

10 クッションの上を綴じる

同様にクッションの上の線形状も綴じ込みます。［ブラウザ］でクッションの上の線形状を選択します❶。［上面図］で中央の2つのコントロールポイントをドラッグして選択し❷、ツールボックスの［編集］→［一点に収束］を選択します❸。

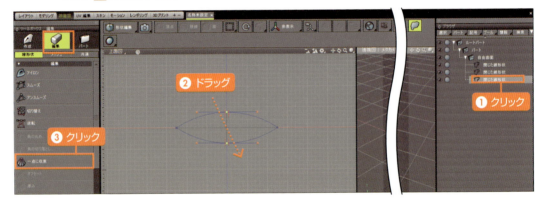

11 クッションの上下が綴じられる

クッションの上下が綴じられ、中央が膨らんだ形になります。

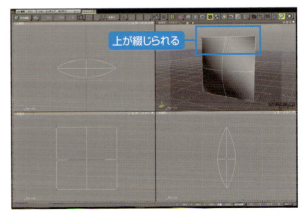

Lesson 04 ■ 自由曲面モデリング：クッションを作成する

STEP 03 クッションの形に整える

01 コントロールポイントを選択する

クッションの上下をへこませます。マニピュレータの［統合］を使用します❶。［正面図］で中上のコントロールポイントを囲むように選択します❷。

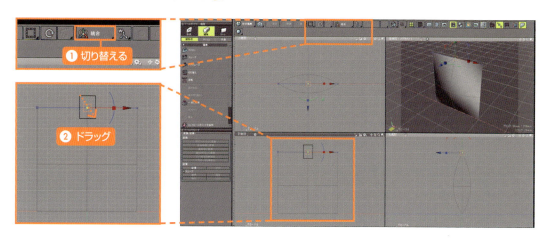

02 コントロールポイントを移動する

マニピュレータの軸を下にドラッグして移動します❶。

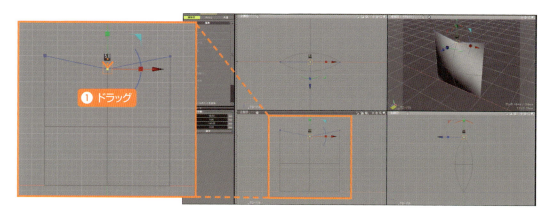

03 コントロールポイントをスムーズにする

ツールボックスの［編集］→［スムーズ］を選択し❶、へこませたコントロールポイントに接線ハンドルを生成してカーブをつけます。

 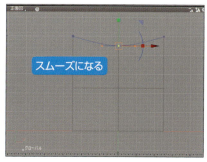

接点ハンドルが生成され、曲線ができる

04 クッションの下もカーブをつける

同様にクッション中下のコントロールポイントにもカーブをつけます。[ブラウザ]から下の線形状を選択し、中下のコントロールポイントをドラッグして選択し❶、マニュピレーターで上に移動します❷。[編集]から[スムーズ] を選択します。

05 コントロールポイントを選択する

左右のコントロールポイントにもカーブをつけます。コントロールポイントを囲むようにドラッグすると❶、線形状が切り替わります。もう一度コントロールポイントだけを囲むと、コントロールポイントが選択できます❷。

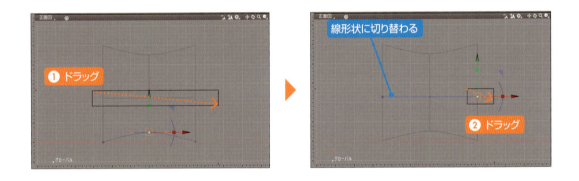

06 左右のコントロールポイントを移動する

コントロールポイントを内側に移動します❶。同じようにもう片方もドラッグして選択し❷、内側に移動します❸。終了後、[オブジェクト]モードに切り替えます。

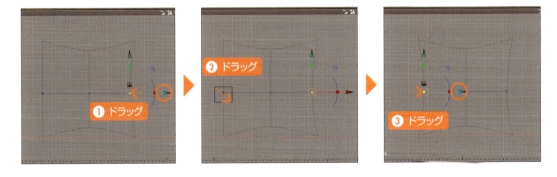

Lesson 04 ■ 自由曲面モデリング：クッションを作成する

STEP 04 ▸ クッションにテクスチャを設定する

01 [ShadeExplorer] を表示する

クッションにテクスチャを設定します。[ブラウザ]で「自由曲面」を選択します❶。コントロールバーの[ShadeExplorer]ボタンをクリックします❷。

02 [ShadeExplorer] でテクスチャを選択する

[プリセット]の▶をクリックし❶、展開します。[表面材質]の+をクリックし❷、「01_Cloth」をクリックします。右側イメージの中から好みのテクスチャ（ここでは「txl_c0010」）を選択します❹。[挿入]ボタンをクリックします❺。

■ **Point** [ShadeExplorer] のプリセット

プリセットの項目が表示されない場合は、p.62 の手順 02 を参照してください。

03 プレビューレンダリングで確認する

統合パレットの[表面材質]をクリックすると❶、テクスチャが取り込まれています❷。
[透視図]の右上の[表示切り替え]▶をクリックし❸、[プレビューレンダリング]を選択します❹。レンダリング表示に切り替わり、テクスチャが設定されたクッションができ上がりました。

  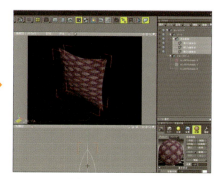

テクスチャが設定されていることを確認できる

101

Part3 インテリア小物のモデリング

Lesson 05 自由曲面モデリング：カーテンを作成する

USE TOOL

形の違う線形状を自由曲面パートにまとめ、ひだが複雑なカーテンを作成します。

作例 カーテン（難易度：☆☆☆）

練習フォルダ：no folder　　完成フォルダ：Part3-05F

形の異なる線形状を組み合わせることでカーテンのひだを表現します。コントロールポイントの調整を多く行うため、少々手間をかけた作成になります。

完成見本

作成ポイント
- 数値移動による線形状の複製
- 自由曲面パートに線形状をまとめる
- コントロールポイントの細かい調整

寸法

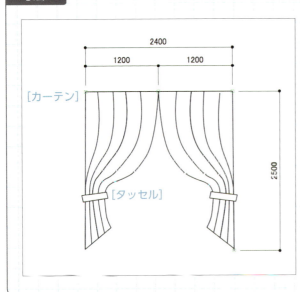

[カーテン]
幅：2400mm
高さ：2500mm
厚み：150（ひだ全体）mm

[タッセル]
適宜な大きさで

Lesson 05 ■ 自由曲面モデリング：カーテンを作成する

STEP 01 ▸ カーテンの形状を描く

01 カーテンの縦のラインを描く

新規シーンにカーテンの断面になる形状を作成します。ツールボックスの［作成］→［開いた線形状］を選択し❶、［正面図］で適当な長さの直線を描きます❷❸。

02 位置とサイズを設定する

統合パレットの［形状情報］で位置とサイズを設定します。［バウンディングボックス］の［位置］に「X=0」「Y=1250」「Z=0」❶、［サイズ］に「Z=2500」を入力します❷。

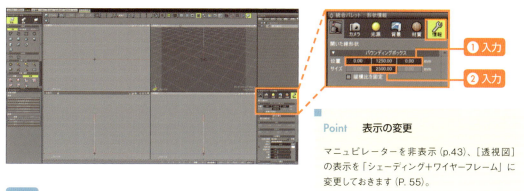

Point　表示の変更

マニピュレーターを非表示（p.43）、［透視図］の表示を「シェーディング＋ワイヤーフレーム」に変更しておきます（P. 55）。

03 線形状を複製する

ツールボックスの［作成］→［複製］→［数値入力］をクリックし❶、画面をクリックします❷。

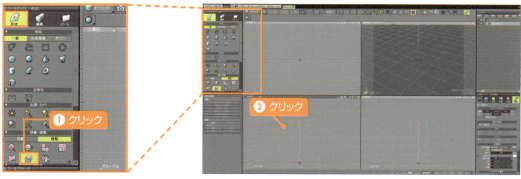

画面をクリックする

103

04 複製位置を数値入力する

[トランスフォーメーション] ダイアログボックスが表示されます。[直線移動] の「X」に「200」を入力し❶、[OK] ボタンをクリックします❷。右側の 200mm 離れた位置に線形状が複製されます。

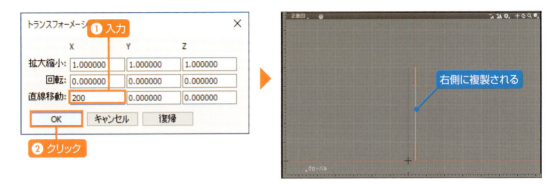

05 繰り返しで複数配置する

等間隔に線形状を複数配置します。コントロールバーの [繰り返し] をクリックし❶、[5] を選択します❷。等間隔に 5 つの線形状が複製されます。

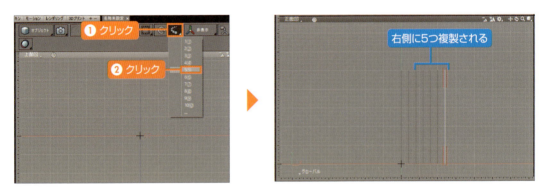

06 自由曲面パートを作成する

ツールボックスの [パート] → [自由曲面] をクリックします❶。[ブラウザ] に [自由曲面] パートが作成されます❷。

Lesson 05 ■ 自由曲面モデリング：カーテンを作成する

07 自由曲面パートに入れる

全ての線形状を［自由曲面］パートに入れます。［ブラウザ］の一番上の［開いた線形状］をクリックします❶。 Shift キーを押しながら一番下の線形状をクリックし❷、全ての線形状を選択します。そのまま全ての線形状を［自由曲面］パートにドラッグします❸。

Point　形状の複数選択方法

連続した複数の形状を選択する場合は Shift キーを使います。離れた場所の形状を複数選択する場合は Ctrl （Mac は command ）キーを押しながら選択します。

08 線形状が面に変換される

線形状をつなぐように面が作成されます。

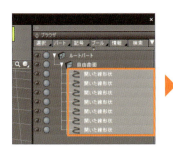
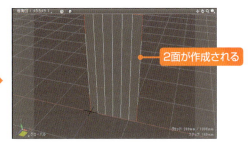

STEP 02 カーテンのひだを作る

01 ひだを作る

線形状を移動し、カーテンのひだを作成します。［ブラウザ］から［自由曲面］の中の線形状を Ctrl （Mac は command ）キーを押しながら1つ飛ばしにクリックして選択します❶❷。ツールボックス［作成］→［移動］→［数値入力］をクリックし❸、画面をクリックします❹。

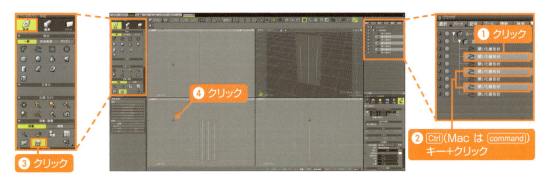

105

02 線形状を移動する

[トランスフォーメーション] ダイアログボックスが表示されます。[復帰] ボタンをクリックして数値をクリアします❶。[直線移動] の「Z」に「150」を入力し❷、[OK] ボタンをクリックします❸。線形状が手前に「150mm」移動し、ひだができあがります。

Point　数値のクリア

[トランスフォーメーション] ダイアログボックスでは前回設定した数値が記憶されています。そのため、[復帰] ボタンでクリアすることで意図しない変形を防ぐことができます。

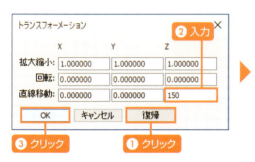

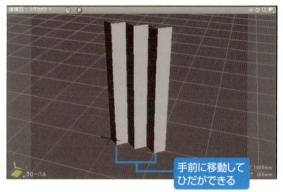

03 線形状を切り替える

線形状を切り替えます。ツールボックスの [編集] → [切り替え] をクリックします❶。水平方向の線形状に切り替わります❷。

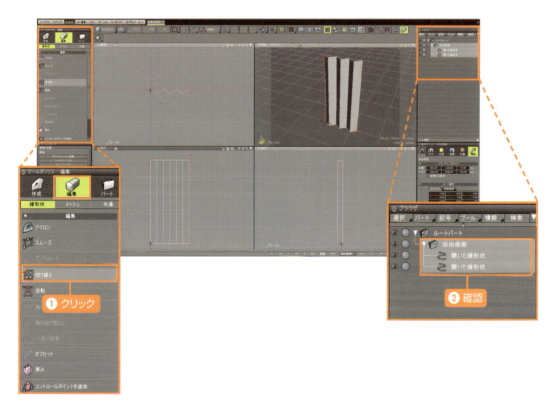

04 ひだのコントロールポイントを選択する

ひだに丸みをつけます。コントロールバーで［形状編集］に切り替え❶、［ブラウザ］で2つの線形状が選択されていることを確認し❷、［上面図］で両端を残した中のコントロールポイントを囲むようにドラッグして選択します❸。

05 ひだを丸める

4つのコントロールポイントが選択されたら❶、ツールボックスの［編集］→［スムーズ］をクリックします❷。接線ハンドルが生成され、ひだの先端が丸まります。

 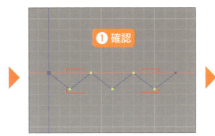 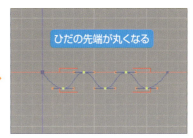

STEP 03 ▶ 束ねたカーテンの形状にする

01 線形状を切り替える

タッセルで束ねたようなカーテンの形状にするため、コントロールポイントを追加して編集します。ツールボックスの［編集］→［切り替え］ を選択し❶、垂直方向の線形状に切り替えます❷。

 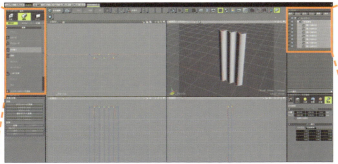 

107

02 コントロールポイントを追加する

一番左の線形状にコントロールポイントを2つ追加します。[ブラウザ] で一番上の線形状をクリックして選択します❶。ツールボックスの [編集] → [コントロールポイントを追加] をクリックし❷、[正面図] で水平にドラッグします❸。

03 もう1つコントロールポイントを追加する

同じようにもう一箇所にコントロールポイントを追加します❶❷。

Point　コントロールポイントの追加

[ブラウザ] パネルで線形状を1つ選択し、[Z] + [X]（Macは[command] + [option]）キーを押しながら線形状の上を横切るようにドラッグしてもコントロールポイントを追加することができます。

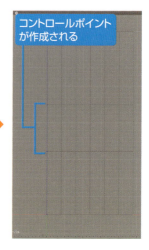

04 カーテンの裾を選択する

カーテンの裾を絞ります。[ブラウザ] で [自由曲面] の線形状すべてを選択します❶。[正面図] で一番下のコントロールポイントを全て囲むようにドラッグして選択します❷。

Lesson 05 ■ 自由曲面モデリング：カーテンを作成する

05 裾を絞る

カーテンの裾を絞ります。[統合]マニピュレータに切り替え❶、[軸拡大縮小]を左にドラッグします❷。

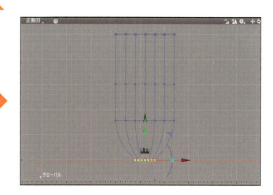

06 中央を絞る

中央部分を絞ります。中央部のコントロールポイントを囲うように選択し❶、マニピュレータの[軸拡大縮小]を左側にドラッグします❷。

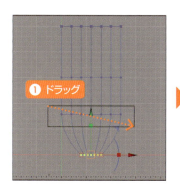
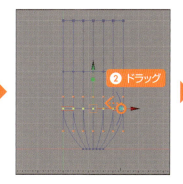
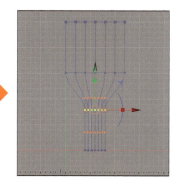

07 中央を右側に寄せる

中央部分、裾部分のコントロールポイントを囲うように選択します❶。マニピュレータの[軸移動]で右側の線形状がまっすぐになるまでコントロールポイントを移動します❷。

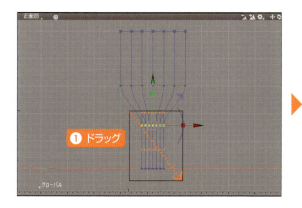
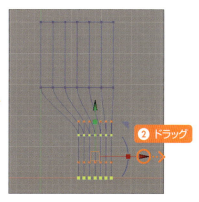

109

08 裾を回転する

裾を回転し、ひだの形状を調整します。裾部分のコントロールポイントを囲うように選択し❶、マニピュレータの[軸回転]で右方向にドラッグして回転し、裾を斜めにします。

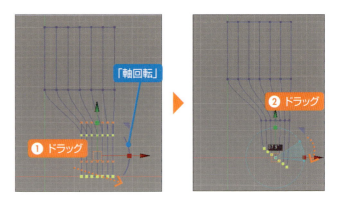

09 裾の位置を調整する

裾がY軸上（赤い線より上）にくるように、マニピュレータの[軸移動]で上に移動します❶。また、裾部分の右側の線形状がまっすぐになるようにマニピュレータで移動します❷。

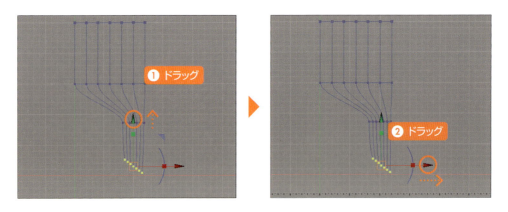

10 中央部の絞り込み具合を調整する

中央部をドラッグして選択し❶、マニピュレータの[軸拡大縮小]で絞り込みの度合い❷、[軸移動]で位置を調整します❸。

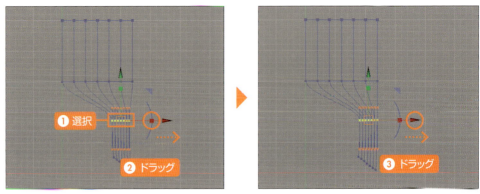

マニピュレータの[軸拡大縮小]や[軸移動]で調整する

Lesson 05 ■ 自由曲面モデリング：カーテンを作成する

11 線形状をスムーズにする

垂直方向の線形状をスムーズ化します。［オブジェクト］モードに切り替え、ツールボックスの［編集］→［スムーズ］を選択します❶。形状が滑らかになります。

［正面図］での表示
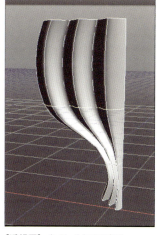
［透視図］ウインドウでの表示

12 線形状を微調整する

［形状編集］モードに切り替えて、各コントロールポイントの位置やハンドルで曲線を調整し❶、形状を整えます。最後に「オブジェクト」モードに切り替えます。

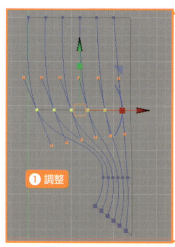
適宜、コントロールポイントを移動して図のように調整する

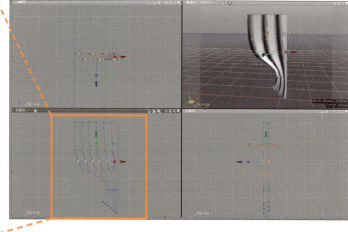

Hint　コントロールポイントの選択を解除する

選択したコントロールポイントを解除する場合は、Ctrl （Mac はOption）キーを押しながら画面をクリックします。

111

STEP 04 ▶ タッセルを作成する

01 タッセルの位置を決める

カーテンを留めるタッセルを作成します。タッセルを作成する高さを［正面図］でクリックして決定します❶。

Point
図形の上をクリックする時は Ctrl （Mac は command）キーを押しながらクリックします。

02 楕円を作成する

タッセルのベースとなる楕円を作成します。ツールボックスの［作成］→［円］を選択し❶、［上面図］で円を作成して Enter （Mac は return）キーで確定します❷。マニピュレータの［軸拡大縮小］で楕円形に編集し❸、位置を調整します❹。

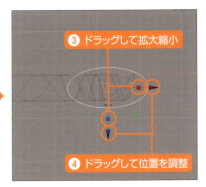

03 タッセルの掃引体

タッセルを掃引体にします。ツールボックスの［作成］→［掃引体］を選択し❶、［正面図］で線形状を上にドラッグして掃引体にして Enter （Mac は return）キーで確定します❷。高さはマニピュレータの［軸拡大縮小］で調整します❸。

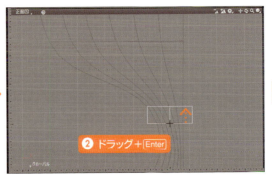

Lesson 05 ■ 自由曲面モデリング：カーテンを作成する

04 自由曲面に変換する

自由曲面に変換してタッセルを完成します。ツールパラメータの［自由曲面に変換］をクリックし❶、掃引体から自由曲面に変換します。［ブラウザ］でふたになっている形状を削除します❷。

05 タッセルの角度を調整する

［正面図］で、マニピュレータの［軸回転］でタッセルを回転して角度を調整します。

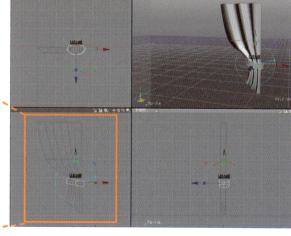

06 パート名を変更する

［ブラウザ］のパート名を変更します。「パート」をダブルクリックします❶。表示した［名前］ダイアログに「タッセル」と入力し❷、［OK］ボタンをクリックします❸。［ブラウザ］のパート名が変更されます❹。

STEP 05 カーテンとタッセルを複製する

01 カーテンを反転する

カーテンを反転しながら複製します。[ブラウザ]でカーテンとタッセルの形状を選択します❶。ツールボックスの[作成]→[複製]→[数値入力]を選択し❷、[正面図]でカーテンの反転軸を(ここではY軸)クリックします❸。

「自由曲面」「タッセル」の▶をクリックして折りたたむと、選択しやすくなる

02 数値を入力する

[トランスフォーメーション]ダイアログボックスが表示されます。[復帰]ボタンをクリックして数値をクリアします❶。[拡大縮小]の「X」に「-1」を入力し❷、[OK]ボタンをクリックします❸。

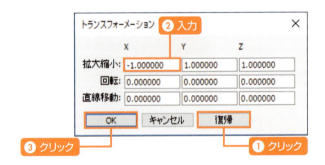

03 カーテンが完成する

カーテンとタッセルが反転して複製されます。[ブラウザ]を確認すると❶、カーテンとタッセルの形状が複製されています。

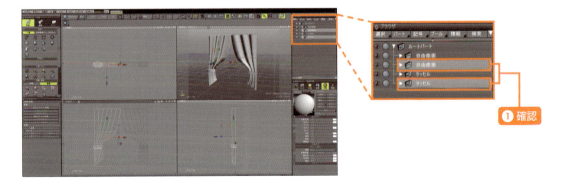

Lesson 05 ■ 自由曲面モデリング：カーテンを作成する

STEP 06 テクスチャを設定してレンダリングする

01 [ShadeExplorer] を表示する

[ShadeExplorer] に用意されている布地のテクスチャを設定します。[ブラウザ] で「ルートパート」をクリックしてすべての形状を選択します❶。コントロールバーの [ShadeExplorer] ボタンをクリックします❷。

02 [ShadeExplorer] でテクスチャを選択する

[プリセット] の ▶ をクリックし❶、展開します。[イメージ] をクリックし❷、右側イメージの中から好みの画像を（ここでは「cloth_pic02_white.bmp」）をテクスチャとして設定します❸。[挿入] ボタンをクリックします❹。

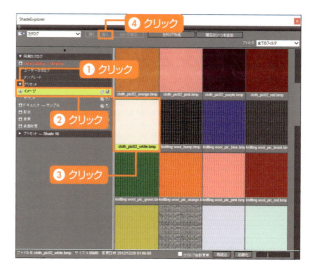

■
Point　[ShadeExplorer] のプリセット

プリセットの項目が表示されない場合は、p.62 の手順 02 を参照してください。

03 プレビューレンダリングで確認する

統合パレットの [表面材質] をクリックすると❶、テクスチャが取り込まれています❷。[レンダリング] メニュー→ [レンダリング開始] の順にクリックします❸。[イメージウインドウ] が開き、レンダリングが完了します。

■
Point　イメージウインドウの設定

[イメージウインドウ] の設定については、p.297 を参照してください。

115

Part3 インテリア小物のモデリング

Lesson 06 ▶ 自由曲面モデリング：寝椅子を作成する

USE TOOL

断面となる形状がパス（通り道）を通過してできる［記憶］と［掃引］を実行して寝椅子を作成します。

作例　寝椅子（難易度：☆☆）

練習フォルダ：no folder　完成フォルダ：Part3-06F

［記憶］と［掃引］で作成する形状は、パイプを曲げたような形を作る時に使用します。ここでは寝椅子を横から見たときの傾きなどのラインをパスとして［記憶］を実行し、寝椅子の断面形状を［掃引］を実行して作成します。その後に、部分的に線形状を編集して形を作っていきます。

完成見本

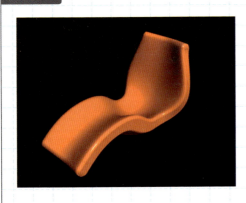

作成ポイント
- 寝椅子の側面のガイドを描く
- ガイドのパスに寝椅子の断面形状を記憶させる
- パスに沿って掃引して寝椅子の形状を作る

寸法

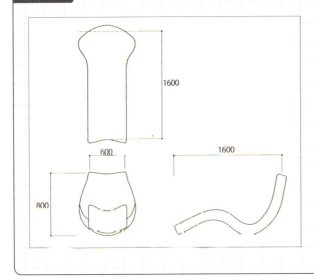

長さ：1600mm
幅：600mm
高さ：800mm

Lesson 06 ■ 自由曲面モデリング：寝椅子を作成する

STEP 01 ▶ 記憶するパス形状を作成する

01 ガイドの形状を作成する

最初に寝椅子全体の大きさのガイドになる形状を作成します。ツールボックスの［作成］→［長方形］を選択し❶、［右面図］に長方形を作成します❷。

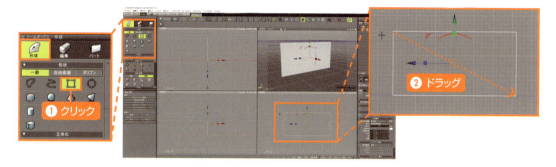

02 位置とサイズを設定する

統合パレットの［形状情報］で位置とサイズを設定します。［バウンディングボックス］の［位置］に「X=0」「Y=400」「Z=0」❶、［サイズ］に「Y=800」「Z=1600」を入力します❷。

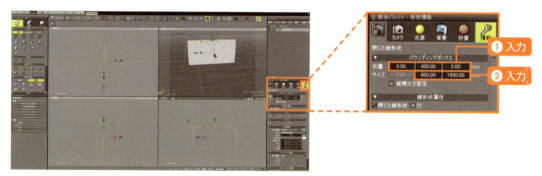

03 寝椅子の横から見たラインを作成する

［開いた線形状］で寝椅子を横から見た時の反りや曲がりのラインを作成します。ツールボックスの［作成］→［開いた線形状］を選択します❶。［右面図］で図のように順にクリックして線形状を作成します❷〜❺。

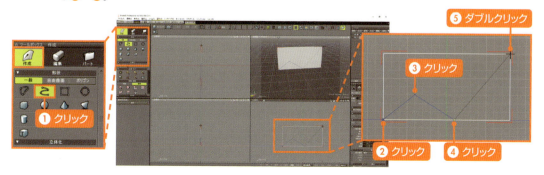

117

04　コントロールポイントを選択する

ガイドにしていた長方形は削除し❶、[形状編集]モードに切り替えます❷。コントロールポイントを部分的に曲線にするため、図の部分を囲むようにドラッグして2つのコントロールポイントを選択します❸。

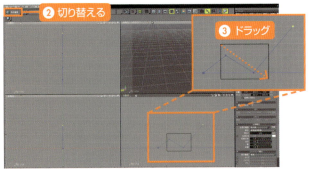

05　曲線を作る

ツールボックスの[編集]→[スムーズ]を選択すると❶、コントロールポイントに接線ハンドルが生成され、曲線に変わります❷。

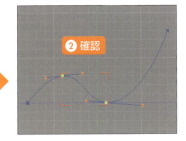

06　カーブを調整する

曲線がきつい部分は、コントロールポイントの位置を下げてカーブを調整します。調整するコントロールポイントを囲み直して、そのポイントだけを選択します。終了後[オブジェクト]モードに切り替えます。

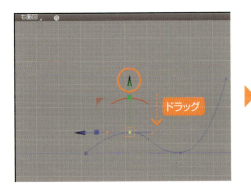
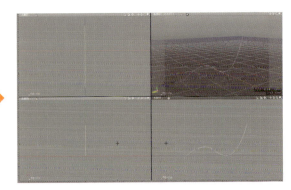

Lesson 06 ■ 自由曲面モデリング：寝椅子を作成する

STEP 02 ▸ 掃引する断面形状を作成する

01 断面形状を作成する

パスに通す断面の形状を作成します。［上面図］で形状を作成する位置をクリックします❶。ツールボックスの［作成］→［長方形］■を選択し❷、［正面図］に長方形を作成します❸。

Point
位置はあとから設定します。

02 サイズを設定する

統合パレットの［形状情報］でサイズを設定します。［バウンディングボックス］の［サイズ］に「X=600」「Y=150」を指定します❶。

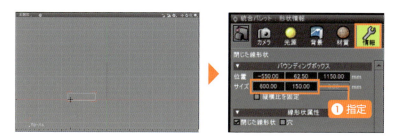

03 角を丸める

長方形の角を丸めます。ツールボックスの［編集］→［角の丸め］■を選択し❶、ツールパラメータの［半径］に「30」を入力し❷、［確定］ボタンをクリックします❸。

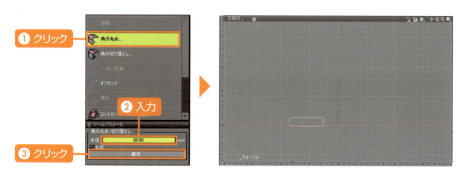

119

04 コントロールポイントを追加する

コントロールポイントを追加して形状を編集します。［形状編集］モードに切り替え❶、ツールボックスの［編集］→［コントロールポイントの追加］を選択し❷❹、長方形の中上と中下にそれぞれコントロールポイントを追加します❸❺。

05 中央のコントロールポイントを整える

上下のコントロールポイントを囲うように選択し❶、下に移動します❷。左右下の接線ハンドルを調整して全体の曲線を整えます❸❹。終了後は Enter （Mac は return ）キーを押して［オブジェクト］モードに切り替えます。

ポイントをクリック　　　ハンドルをドラッグ

06 パス形状を記憶する

［ブラウザ］で開いた線形状を選択します❶。ツールパラメータの［記憶］ボタンをクリックし❷、パスになる形状を記憶します。

Point　形状を記憶する

ツールパラメータの［記憶］ボタンをクリックすると、［ブラウザ］で選択した形状を記録します。

Lesson 06 ■ 自由曲面モデリング：寝椅子を作成する

07 断面形状を選択する

断面形状をパスの先端に合わせて整列します。[ブラウザ]で「閉じた線形状」を選択します❶。[表示]メニュー→[形状整列]の順に選択します❷。

08 断面形状を整列させる

[形状整列]ダイアログが表示されます。[記憶した線形状に形状配置]の[更新]ボタンをクリックすると❶、断面形状の中心がパスの始点に揃うよう配置されます❷。

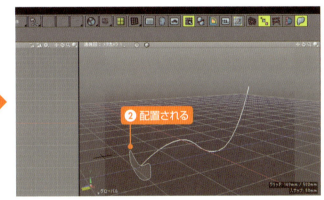

09 断面形状を回転する

パスと断面形状が直交するように[右面図]で線形状を回転して調整します。統合マニピュレータの[軸回転]をドラッグし❶、パス形状に対して垂直になるように回転します。角度が決まったら、ツールパラメータの[確定]ボタンをクリックし❷、線形状の角度を確定します❸。

断面形状と線形状が直交するように回転する

121

10 断面を掃引する

ツールパラメータの［掃引］ボタンをクリックすると❶、自由曲面のモデルができあがります。

STEP 03 ▶ 上下のふたを作る

01 線形状を同じ位置に複製する

寝椅子の上下にふたをするため、線形状を同位置に複製します。［ブラウザ］で自由曲面パートの中の一番上の「閉じた線形状」（寝椅子の下）を選択します❶。ツールボックスの［作成］→［複製］から［直線移動］ を選択し❷、画面をクリックします❸。見た目上は変化ありませんが、［ブラウザ］を確認すると、同じ位置に複製された線形状が追加されます❹。

02 下の線形状も複製する

同様に［ブラウザ］の一番下（寝椅子の上）の「閉じた線形状」を「閉じた線形状」を同じ位置に複製します。

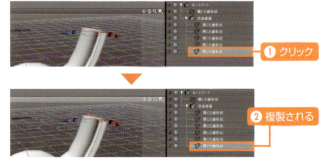

手順 01 と同じ操作で複製する

Lesson 06 ■ 自由曲面モデリング：寝椅子を作成する

03 コントロールポイントを一点に収束する

ふたを作るためコントロールポイントを一点に収束します。手順02で複製した線形状が選択されている状態で、［形状編集］モードに切り替えて❶、［上面図］で左側のコントロールポイントを囲むように選択します❷。ツールボックスの［編集］から［一点に収束］ をを選択します❸。コントロールポイントが1つになりました❹。

Point　マニピュレータを非表示にする

コントロールポイントが見づらい場合は作業しやすいように、マニピュレータを非表示にします。

04 ふたを完成させる

中央と右側のコントロールポイントも［一点に収束］ をしてふたを完成させます❶～❹。

3点のコントロールポイントが一点に収束してふたができる

05 底のふたを作る

同様に底のふた（［ブラウザ］の一番上の線形状）も［正面図］で作成します❶～❺。最後に「オブジェクト」モードに切り替えます。

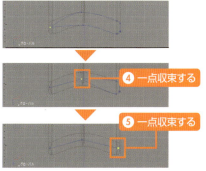

123

STEP 04 ▶ 寝椅子の角を丸めて形状を調整する

01 線形状を丸める

モデルの上下に丸みをつけます。

[ブラウザ] の 2 番目の下の「閉じた線形状」（寝椅子の下）を選択します❶。ツールボックスの [編集] → [角の丸め] をクリックします❷。

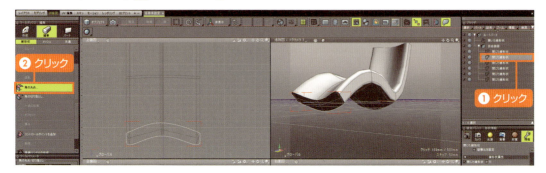

02 角の半径を入力して確定する

ツールパラメータの半径に「50」を入力し❶、[確定] ボタンをクリックします❷。角が丸くなります。

03 上部の線形状を丸める

同様に [ブラウザ] の下から 2 番目の「閉じた線形状」（寝椅子の上）を丸めます❶〜❹。

Lesson 06 ■ 自由曲面モデリング：寝椅子を作成する

04 ［ブラウザ］の内容を確認する

現在の［ブラウザ］の中身は図のような構成になっています。

- A , A' ：一点に収束した線形状
- B , B' ：角の丸めの際に追加された線形状
- C , C' ：角の丸めを行った線形状
- D , E ：中間の線形状

自由曲面の外側にある線形状は［記憶］した線形状です。不要な場合は削除します。

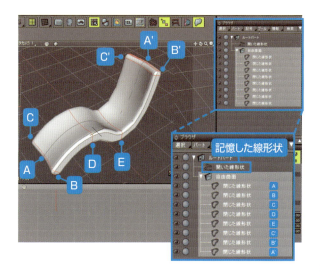

05 開いた線形状に切り替える

背の部分を編集するため、コントロールポイントを追加します。
［ブラウザ］で「自由曲面」をクリックし❶、自由曲面全体を選択します。ツーボックスの［編集］→［切り替え］をクリックすると❷、開いた線形状に切り替わります❸。

  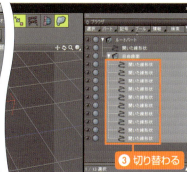

06 コントロールポイントを追加する

背もたれの位置にコントロールポイントを追加します。［形状編集］に切り替え❶、［編集］の［コントロールポイントを追加］をクリックし❷、背もたれのあたりをドラッグします❸。水平方向に線形状が追加されます❹。

125

07 背を膨らませる線形状を選択する

背の部分を膨らませるため、線形状を編集します。
水平方向の線形状に切り替え❶❷、コントロールポイントを追加した背の部分の線形状を選択します❸。

08 背を膨らませる

［オブジェクト］モードに切り替え❶、［統合］マニピュレータの［軸拡大縮小］をドラッグして背を膨らませます❷。

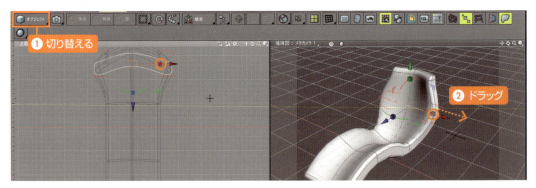

STEP 05 色を設定して仕上げる

01 カラーパレットを表示する

モデルに色を設定します。この時、ブラウザの「自由曲面」を選択しておきます❶。統合パレットの［表面材質］をクリックし❷、［拡散反射］のカラー部分をクリックします❸。

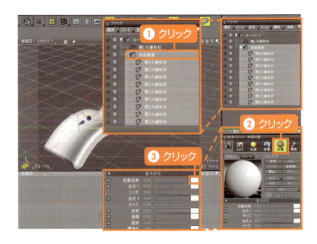

Lesson 06 ■ 自由曲面モデリング：寝椅子を作成する

02 カラーパレットで色を設定する

［色の設定］ダイアログ（Mac は［カラー］パネル）が表示されます。［基本色］からオレンジ色を設定し❶、［OK］をクリックします❷。

■ Point 色の設定について

［色の設定］ダイアログにオレンジ色がない場合は、右側のカラーフィールをクリックするか、［赤］［緑］［青］に数値を指定しても設定できます。

03 色を設定する

マット感のテクスチャにする場合は、［光沢1］の［光沢］と［サイズ］を「0」に設定します。

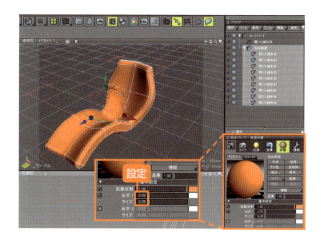

04 レンダリングで確認する

レンダリングで仕上がりを確認します。［レンダリング］メニュー→［レンダリング開始］の順にクリックします❸。［イメージウインドウ］が開き、レンダリングが完了します。

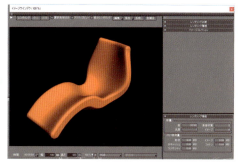

■ Point 名前を付けて保存する

完成後、名前を付けて保存します（p.24 参照）。

127

Part3 インテリア小物のモデリング

Lesson 07 ポリゴンメッシュの モデリングについて

USE TOOL

これまでは、自由曲面でモデリングする方法を学んできました。
もう1つのモデリング手法として、ポリゴンメッシュについて解説します。

STEP 01 ポリゴンメッシュとは

ポリゴンメッシュとは、多角形の面（ポリゴン）がメッシュ状に組み合わされてできる立体です。
人物やキャラクター、プロダクトなどの複雑な形状を作成する場合に向いています。他の3DCGソフトではポリゴンメッシュで作成するものも多く、データを互換することも可能です。Shade3Dでは最初からポリゴンメッシュで作成することもできますが、自由曲面で作成したものをポリゴンメッシュに変換することができます。

01 ポリゴンメッシュのツール

ツールボックスの［作成］→［ポリゴン］からツールを選んで作成します。

02 自由曲面とポリゴンメッシュの比較

自由曲面で作成したモデルとポリゴンメッシュで作成したモデルは、以下のように表示されます。ポリゴンメッシュで作成されたモデルでは、構成される面がポリゴンとしてメッシュ状に表示されます。

自由曲面のモデル

ポリゴンメッシュのモデル

Lesson 07 ■ ポリゴンメッシュのモデリングについて

03 ポリゴンメッシュの作例

自由曲面とは違う、自由な曲線のモデルを作ることができます。

STEP 02 ポリゴンメッシュを構成する要素

ポリゴンメッシュは「頂点」「稜線」「面」で構成され、[形状編集] モードで、それぞれを移動することでさまざまな形を作成することができます。

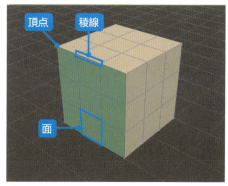

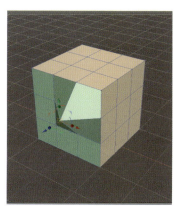
頂点を移動する

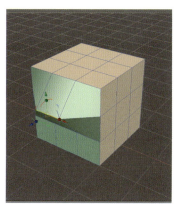
稜線を移動する

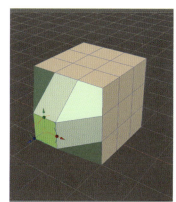
面を移動する

129

STEP 03 ポリゴンメッシュを編集する

ツールボックスの［編集］→［メッシュ］から、さまざまな編集ツールで面を加工することができます（［形状編集］モードで「面」を選択して行います）。

01 ベベル

画面に仮想ジョイスティックが表示され、ドラッグする方向によって動きが変わります。
① 上にドラッグ：押し出す
② 下にドラッグ：押し込む
③ 右にドラッグ：面が拡大
④ 左にドラッグ：面が縮小
操作を終了する場合は、[Enter]（Mac は [return]）キーを押します。

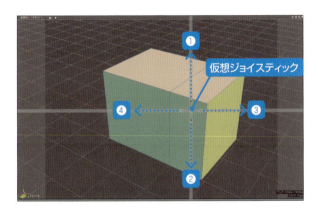

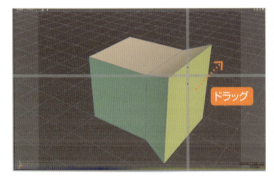

押し出しながら拡大

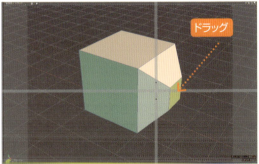

押し込みながら縮小

130

Lesson 07 ■ ポリゴンメッシュのモデリングについて

02 押し出し

選択した面をドラッグして押し出します。

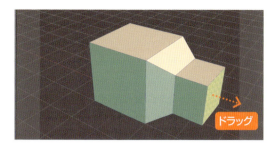

03 切断

選択した面をドラッグして切断します。

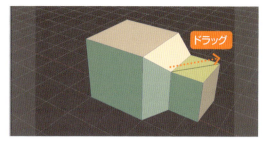

04 ループスライス

選択した面の稜線を切断します。

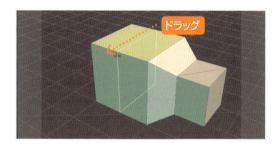

05 分割

選択した面を等分割するほか、三角に分割することができます。

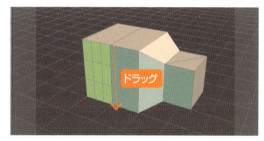

06 サブディビジョンサーフェース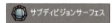

サブディビジョンサーフェースは仮想的な丸みを作成し、少ない数のポリゴンでも滑らかな曲面を表現できます。

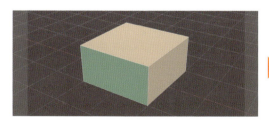

元のポリゴンメッシュ

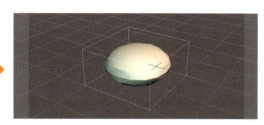

サブディビジョンサーフェースを設定

そのまま形状の編集ができる

131

STEP 04 ▶ ポリゴンメッシュに変換する方法

ツールパラメータの［変換］から自由曲面をポリゴンメッシュに変更します。

01 自由曲面のモデルを選択する

自由曲面で作成したモデルをポリゴンメッシュに変換します。変換する自由曲面を［ブラウザ］で選択します❶。

02 ポリゴンメッシュに変換する

ツールパラメータの［変換］→［ポリゴンメッシュに変換］をクリックします❶。

03 面の分割を設定する

表示された［ポリゴンメッシュに変換］ダイアログボックスの［曲面の分割］の種類を選択します❶。分割数も設定できます❷。ここでは、分割の違いを見てみます。

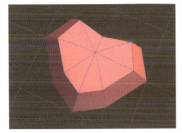

面の分割：粗い
分割数（交差方向）：4
分割数（選択方向）：8

面の分割：普通
分割数（交差方向）：8
分割数（選択方向）：16

面の分割：細かい
分割数（交差方向）：16
分割数（選択方向）：32

家具のモデリング

Part4 では、テーブルやソファーなどの家具を作ります。
複雑な形状を作った場合に増える形状を管理する
［ブラウザ］の使い方、形状に穴をあけるブーリアン、
作った形状に質感をつけるテクスチャについても
学びましょう。

Part4　家具のモデリング

Lesson 01 : ブラウザで形状を管理する

家具はさまざまな部材で構成されています。
Shade3D で家具のモデルを作成する場合も同様に複数の部材＝立体形状を組み合わせて作成します。複雑な形状になるほど形状の数が増えるため、それらを上手に管理することが作りやすさにもかかわってきます。

作例　センターテーブル　　　　練習フォルダ：no folder　完成フォルダ：Part4-01F

センターテーブルを作りながら、[ブラウザ] で形状を分類・整理し、管理する基本的な方法を解説します。形状の作成で繰り返し行う操作手順は省略して解説しています。

完成見本

作成ポイント
- ブラウザに構成部材ごとの「パート」を作り、形状を分類する
- 相対する形状は [反転複製] で作成する
- 形状を整列して作成する
- 配置する座標を数値で入力する

Lesson 01 ■ ブラウザで形状を管理する

STEP 01 ブラウザの役割

Shade3Dでは作成した形状は［ブラウザ］に表示されます。
そのまま何もせずに作成を進めると、同じ形状名がずらずらと並び、どの形状がどの部分に該当するかわからなくなり、作成や加工がしづらくなります。形状の管理をしやすくするため、新規に「パート」を作成し、部品を分類して整理します。

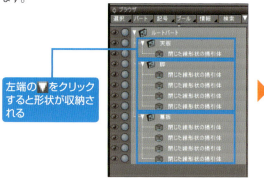

左端の▼をクリックすると形状が収納される

部品ごとのパートを作って形状を分類 パートに名前をつけることができる

STEP 02 天板を作成する

01 天板のベースを作成する

センターテーブルの天板を掃引体で作成します。ツールボックスの［作成］→［長方形］■を選択し❶、［上面図］でドラッグして長方形を作成します❷。

02 天板のサイズを変更する

［統合パレット］の［形状情報］ウインドウを選択し、バウンディングボックスの［位置］を「X=0」「Y=0」「Z=0」❶、［サイズ］を「X=1200」「Z=600」にします❷。

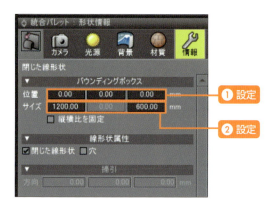

135

03 天板を掃引体で作成する

天板の「閉じた線形状」を掃引体にします。
ツールボックスの［作成］→［掃引体］をクリックし❶、［正面図］で図形の上にマウスポインタを移動して上方にドラッグします❷。

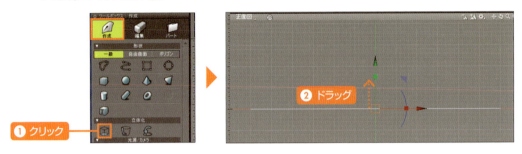

04 天板のサイズを変更する

［統合パレット］→［形状情報］→［掃引］を「Y=10」を設定し❶、［バウンディングボックス］→［位置］を「Y=395」にします❷。これは天板の高さで、床から天板までの下（390mm）＋天板の厚みの1／2（5mm）になります。

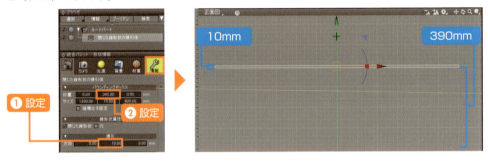

STEP 03 脚を作成する

01 脚を作成する

［上面図］で四角形の脚を直方体で作成します。
ツールボックス［作成］の［直方体］で四角形を作成します❶。ツールパラメータの［サイズ］を「X = 80」「Z = 80」❷、［高さ］を「390」にし❸、［確定］ボタンをクリックします❹。

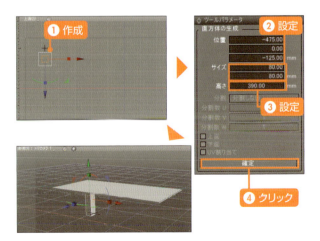

136

Lesson 01 ■ ブラウザで形状を管理する

02 天板と脚の形状を整列させる

天板と脚の位置を角に合わせます。
［ブラウザ］で天板の形状と脚の形状2つを選択します。［表示］メニュー→［形状整列］の順に選択します。表示された［形状整列］ウインドウが［上面図］になっていることを確認し❶、［左揃え］ボタン❷→［上揃え］ボタン❸の順にクリックします。

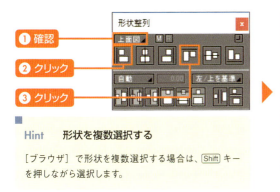
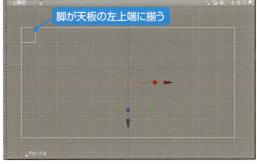

■ Hint　形状を複数選択する

［ブラウザ］で形状を複数選択する場合は、Shift キーを押しながら選択します。

03 脚を反転複製する

脚を反転複製します。
［ブラウザ］で脚の形状のみ選択します。ツールボックスの［作成］→［複製］→［数値入力］をクリックします❶。［上面図］で反転軸になる中心をクリックします❷。

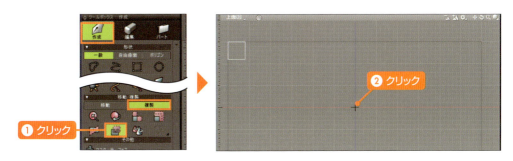

04 脚が反転複製される

［トランスフォーメーション］ダイアログボックスが開きます。［拡大縮小］の「X」に「−1」を設定し❶、［OK］ボタンをクリックします❷。脚が右側に反転複製されました。

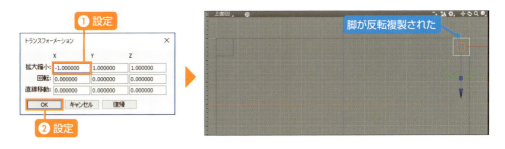

137

05 残りの脚を複製する

同様に上の脚を2つ選択し①ツールボックスの[作成]→[複製]→[数値入力]を選択し、反転軸になる中心をクリックします②。

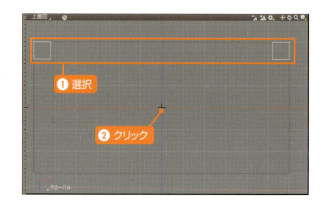

06 4つの脚が複製される

[トランスフォーメーション]ダイアログボックスの[復帰]ボタンをクリックし①、先に設定していた数値をクリアします。[拡大縮小]の[Z]に「−1」を設定し②、[OK]をクリックすると③、下に2つ複製されます。

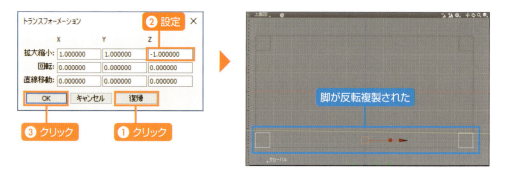

STEP 04 パートにまとめる

01 パートを作成する

新規にパートを作成します。

[ブラウザ]で天板の「閉じた線形状の掃引体」を選択します①。ツールボックスの[パート]から Ctrl (Mac は option) キーを押しながら[パート]をクリックします②。新規にパートが作成され、その中に形状が自動的に入ります。

Lesson 01 ■ ブラウザで形状を管理する

02 パート名を変更する

「パート」をダブルクリックします。表示された[名前]ダイアログボックスボックスに「天板」と入力し❶、[OK]ボタンをクリックします❷。パートの名称が天板になります。

Point　パートに入らない場合
形状が自動的にパートに入らなかった場合、形状をパートの中にドラッグして入れましょう。

03 脚のパートを作成する

同様に脚のパートを作成します。
脚の「閉じた線形状の掃引体」を全て選択し❶、ツールボックスの[パート]から Ctrl（Mac は option）キーを押しながら[パート]をクリックします❷。パートの名前を「脚」にします❸。[脚]パートを選択すると1度に4つの脚を選択することができます。

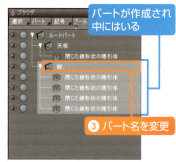

STEP 05 ▶ 幕板を作成する

01 幕板のパートを作成する

先に幕板のパートを作成します。[ブラウザ]で「ルートパート」を選択して❶、ツールボックスの[パート]から[パート]をクリックします❷。

Point　ルートパートの選択
他のパートの中に作成されないよう、ルートパートを選択してから新規にパートを作成します。

139

02 パート名を変更する

「脚」パートの下にできたパートをダブルクリックします❶。
表示された［名前］ダイアログボックスに「幕板」と入力し❷、［OK］ボタンをクリックします❸。パートの名称が「幕板」になります。

03 幕板を配置する座標を指定する

形状を作成する前に、幕板を配置する高さの座標を指定します。
コントロールバーの［数値入力により線形状を作成］ボタン をクリックします。

04 座標を数値で指定する

［座標値の数値入力］ダイアログボックスが表示されます。
［相対座標］のチェックを外します❶。位置を「X=0」「Y=390」「Z=0」と入力し❷、［カーソル移動］ボタンをクリックします❸。［終了］ボタンをクリックし❹、ダイアログボックスを閉じます。

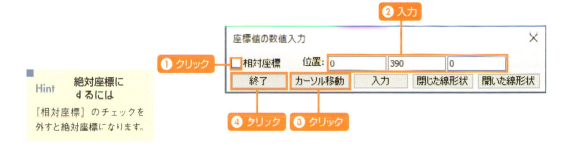

Hint　絶対座標にするには
［相対座標］のチェックを外すと絶対座標になります。

Lesson 01 ■ ブラウザで形状を管理する

05 幕板を掃引体で作成する

幕板の形状を作成します。
［上面図］でツールボックスの［作成］→［長方形］■で幕板のベースを作成します❶。［正面図］を見ると天板の下に配置されています❷。［掃引体］■で下方向にドラッグします❸。

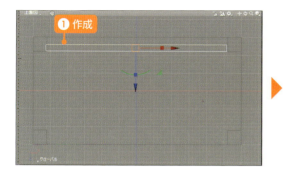 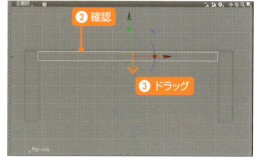

06 幕板のサイズを変更する

［形状情報］→［掃引］を「Y=－50」（下方向に作成した場合はマイナス方向）にし❶、［バウンディングボックス］→［サイズ］→「X=1040」「Z=35」にします❷。

07 幕板を天板に整列させる

［上面図］で幕板の位置を一旦天板に揃えます。
［ブラウザ］で天板と幕板の形状を選択します❶。
［形状整列］ウインドウの［上面図］で❷、［垂直中央揃え］ボタン❸→［上揃え］ボタン❹の順にクリックします。

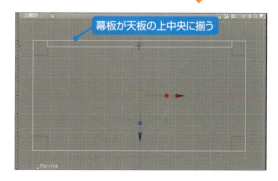

■ Hint ［形状整列］ウインドウの表示方法

［形状整列］ウインドウを表示する場合は「表示」メニュー→［形状整列］を選択します。

08 幕板を脚の芯に合わせる

［ブラウザ］で左上の脚と幕板を選択します❶。［形状整列］ウインドウの［水平中央揃え］ボタンをクリックし❷、脚の芯に揃えます。

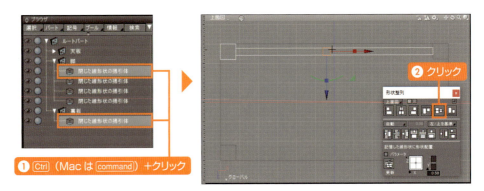

09 幕板を反転複製する

幕板だけを選択します。ツールボックスの［作成］→［複製］→［数値入力］を選択し❶、［上面図］で反転軸となる中心をクリックします❷。

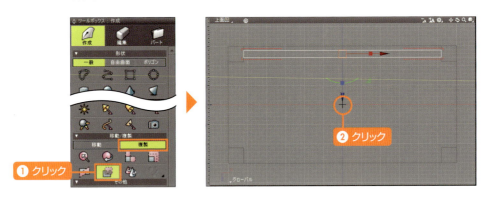

10 幕板を反転複製する

［トランスフォーメーション］ダイアログボックスの［拡大縮小］を「Z＝－1」になっていることを確認し❶、［OK］をクリックします❷。幕板が反転複製されます❸。

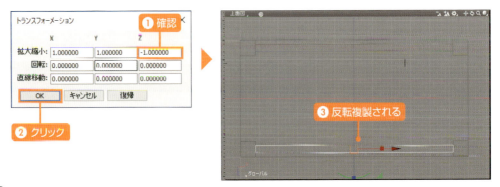

Lesson 01 ■ ブラウザで形状を管理する

11 もう一方向の幕板を作成する

同じ手順でもう一方向の幕板を作成します。「長方形」で作成した形状を「掃引体」にし❶、[形状情報] で脚の[掃引]を「Y＝− 50」❷、[サイズ]を「X＝35」「Z＝440」にします❸。

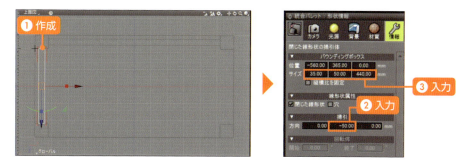

12 幕板を反転複製する

p.142 の手順08〜09と同様に脚と幕板を選択し、[形状整列]で幕板の位置を整え❶、幕板のみ選択してツールボックスの[作成]→［複製］→［数値入力］で「拡大縮小」を「X＝− 1」にして反転複製を実行します❷。

13 幕板が完成する

幕板 4 本が完成しました。これでセンターテーブルの完成です。名前を付けて保存します。

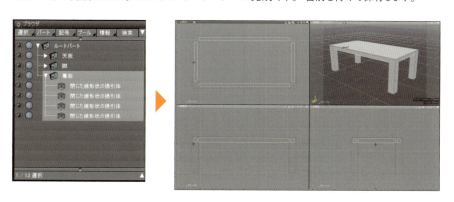

143

Part4　家具のモデリング

Lesson 02 ブーリアンで加工する

USE TOOL

複雑な形状を作成する場合、ブーリアンの機能を使って加工することができます。
ブーリアンは2つの形状を融合したり、片方の形状でくり抜いたり、2つの形状が重なる部分だけを取り出したりすることができます。

作例　収納棚　　　　　　　　　　練習フォルダ：Part4-02　　完成フォルダ：Part4-02F

収納棚を作成して、いろいろなブーリアンの設定方法と効果を解説します。
基本的な形状作成の手順は省略していますので、練習用のファイルを使用するか、今まで練習したやり方でチャレンジしてみましょう。

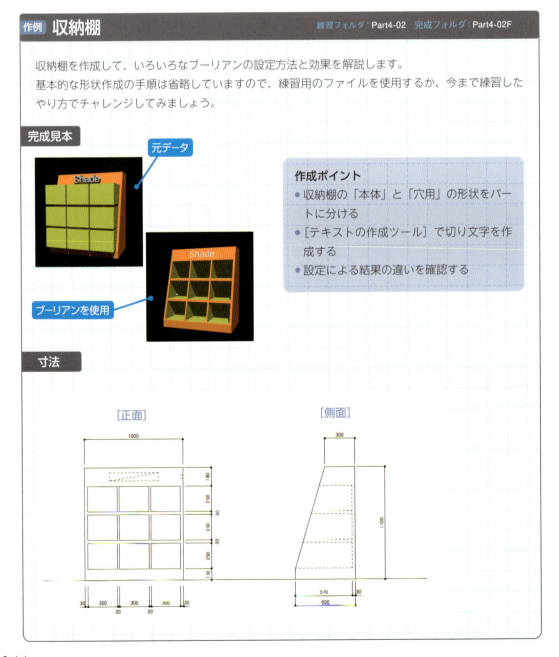

完成見本

元データ

ブーリアンを使用

作成ポイント
- 収納棚の「本体」と「穴用」の形状をパートに分ける
- [テキストの作成ツール]で切り文字を作成する
- 設定による結果の違いを確認する

寸法

[正面]　[側面]

Lesson 02 ■ ブーリアンで加工する

STEP 01 ▶ ブーリアンとは

Shade3Dでは［ブール演算］で結果をモデルとして生成するモデリングブーリアンと［ブーリアン記号］を使ってレンダリング時に結果が得られるレンダリングブーリアンがあります。

ツールボックスの
［編集］→［ブール演算］

ブラウザの「記号」と「ブール演算」

STEP 02 ▶ 収納棚の本体を作成する

01 収納棚の形状を作成する

収納棚の本体を作成します。
［右面図］で収納棚の側面を「閉じた線形状」で作成します。

■ **Point** 数値を変更して図を作成する

ガイド図形を利用したり、ポイントを数値移動したり、バウンディングボックスの位置・サイズに数値を入力するなど、今まで練習してきたやり方で作成してみましょう。

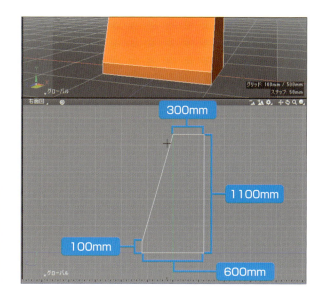

02 掃引体にする

［上面図］で掃引体（掃引方向：X=1000）にします。
統合パレットの［表面材質］で［拡散反射］に色をつけます。
［ブラウザ］で新規パートを作成し［本体］にします。

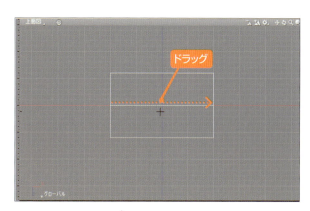

145

STEP 03 ▸ 収納棚の穴を作成する

01 穴の形状を作成する

穴をあけるための図形を作成します。

[上面図]で穴が収納棚よりも手前に配置される位置をクリックします❶。[正面図]で「X=300」「Y=250」の長方形を作成します❷。[形状整列]の[正面図]で長方形をで左下に揃え、ツールボックスの[移動]→[数値入力]→[数値移動] を「X=30」「Y＝110」で移動します❸。さらにツールボックスの[作成]→[複製]→[数値移動] で図面に合わせて間隔を開けながら長方形を配置します。

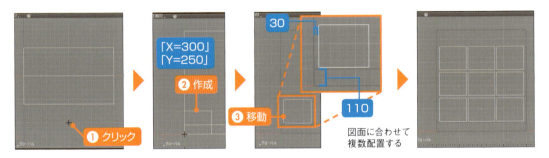

02 穴の形状を掃引体にして色をつける

[右面図]で本体の奥行きに合わせて穴の形状を全て掃引体にし、収納棚の奥から[数値移動] で30mm（Z方向）離して配置します❶。新規パートを作成し、名称を「穴用」にして穴の図形をまとめます。「穴用」パートに統合パレットの[表面材質]→[拡散反射]で色をつけます。

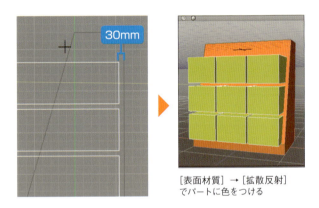

[表面材質]→[拡散反射]でパートに色をつける

STEP 04 ▸ 切り抜き文字を作成する

01 テキストを入力する

収納棚に切り抜き文字を貼り付けます。

ツールボックスの[作成]→[テキストの作成ツール] を選択します❶。[ツールパラメータ]の[テキストの生成]に文字を入力します❷。対応する文字は英数のみです。

Lesson 02 ■ ブーリアンで加工する

02　テキストを掃引体にする

［正面図］をクリックします❶。
［ツールパラメータ］の［掃引］のスライダーをドラッグし❷、文字を適当な厚みに調整します。［ブラウザ］を確認すると、一文字ずつパートに分かれ、閉じた線形状の掃引体ができ上がります❸。

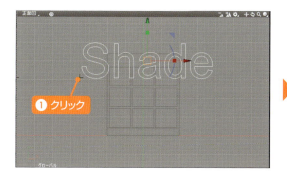  

03　テキストを拡大縮小する

形状に合わせて文字の大きさを調整します。［拡大縮小］マニピュレーターに切り替え❶、中央をドラッグして大きさを調整します❷。「統合」マニピュレータに切り替えて、収納棚の正面および収納棚に接する位置に文字を移動します❸。

STEP 05　ブール演算を利用する

01　［ブール演算］を実行する

ブール演算を実行します。くり抜く側である［穴用］パートを選択します❶。ツールボックスの［編集］→［共通］→［ブール演算］を選択します❷。［本体］パートをクリックすると［ツールパラメータ］から［ブール演算］の操作を選択することができます❸。

147

02 ブール演算を適用する

［選択していた形でくり抜く］ をクリックし❶、［適用］ボタンをクリックします❷。［透視図］を「プレビューレンダリング」にして確認します。穴用で本体がくり抜かれた形状があらたにポリゴンメッシュで作成され、穴用に設定した表面材質が反映されます。元の図形は残っており、［ブラウザ］で形状表示、レンダリング表示が非表示設定になっいます。

STEP 06 ブール演算の結果

01 ［交差部分の抽出］

本体と穴用のモデルが重なり合っている場所のみ抽出されます。モデルごとに表面材質の設定が違う場合は、図の用な色の表示になります。

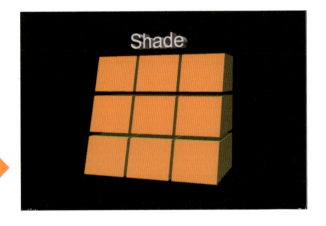

02 ［選択した形でくり抜く］

穴用のモデルが本体の形でくり抜けれた状態です。

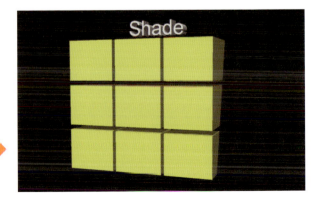

Lesson 02 ■ ブーリアンで加工する

03 ［選択していた形状の交差面を抽出］

穴用が本体と重なり合っている部分
の面のみ抽出されます。

 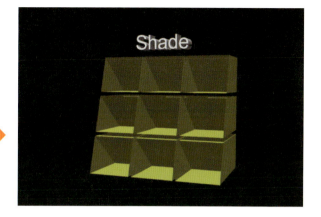

04 ［選択した形状の交差面を抽出］

本体が穴用と重なり合っている部分
の面のみ抽出されます。

 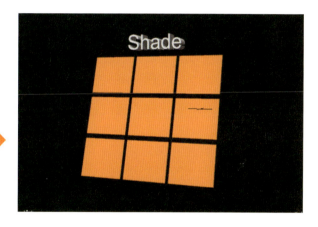

05 ［選択した形状の面をくり抜いて抽出］

本体が穴用の形にくりぬかれます。
中は空洞になっています。

 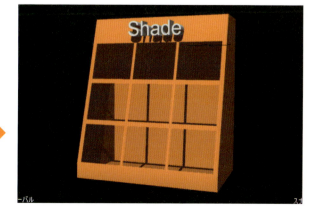

149

STEP 07 ブーリアン記号のレンダリング効果

ブーリアン記号はレンダリング時のみ効果が反映される機能です。[ブラウザ]の[記号]ボタンをクリックしてブーリアン記号を選択すると、パートまたは形状の名前の前に記号が入力されます。記号の種類によって結果が変わります。図は[*（差）]記号の結果です。穴用と本体が重なる部分を削り取り、穴用の表面材質が適用されます。

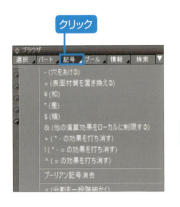 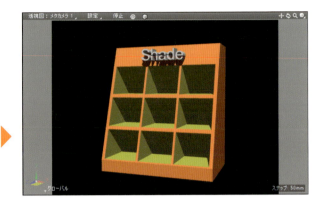

01 [-] 穴をあける

穴用パートを選択して[-]記号をクリックします。穴用図形で本体がくり抜かれた状態でレンダリングされます。

 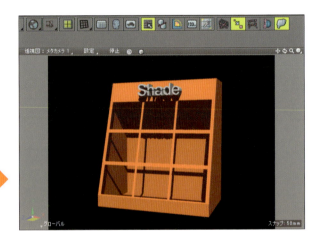

02 [=] 表面材質を置き換える

本体と重なる部分の表面材質がレンダリングされます。[&]も同様な効果が得られます。

 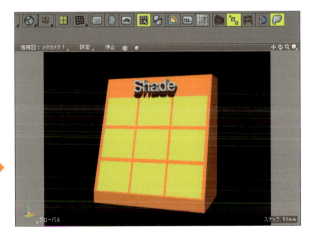

03 [$] 積

本体と穴用が重なった部分のみレンダリングされます。

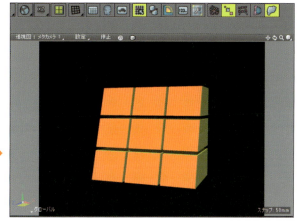

04 [+] *- の効果を打ち消す

設定の影響を受けたくない形状には［+］記号を使用します。
また、図のように文字に［=］記号を使用した場合、シート貼りのように表面に文字を貼ることができます。

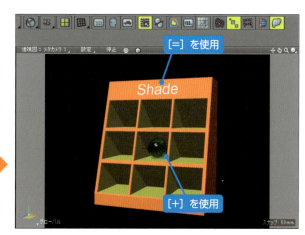

COLUMN　効果を打ち消す設定について

図のように穴をあける設定がされている中にモデルがある場合、そのモデルも影響を受けてしまうためレンダリング時に表示されません。「*」記号の影響を受けたくないものには「+」記号を設定します。

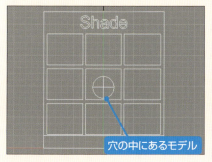
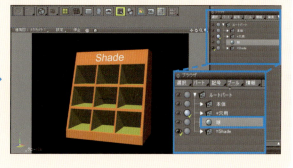

Part4　家具のモデリング

Lesson 03 ▶ 質感を設定する

作成した家具に木や金属、ガラスなどの材質（テクスチャ）をオリジナルで作成して設定します。
ここではインテリアでよく使用するテクスチャの設定方法を紹介します。

作例　家具のテクスチャ

練習フォルダ：Part4-03　　完成フォルダ：Part4-03F

テクスチャ（表面材質）は色の他に透明や光沢、反射などの質感を組み合わせて表現します。また画像を使用することも可能です。作成したテクスチャは「表面材質」ファイルとして保存することができ、別ファイルに取り込んで使用することができます。

完成見本

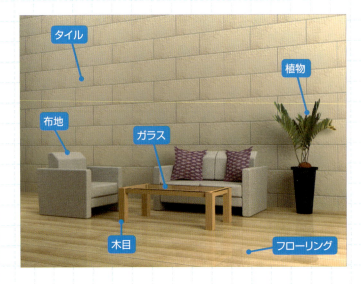

この節で設定するテクスチャは以下の通りです。

作成ポイント
- マスターサーフェスに設定する
- 木目の方向ごとにテクスチャを作成する
- 画像を使って植栽を作成する
- 取り込んだ画像の色を調整する

壁：	タイル
テーブル（天板）：	ガラス
テーブル（幕板・脚）：	木目／メタル
ソファ：	布地
床：	フローリング
観葉植物：	植物

Lesson 03 ■ 質感を設定する

STEP 01 ▸ マスターサーフェスを使用する

それぞれのモデルに設定します。
「マスターサーフェス」にテクスチャを登録し、それらを使用すると、複数の形状に同じテクスチャを共有することができます。形状1つひとつに設定する時間を短縮することができ、メモリの削減にもなります。

STEP 02 ▸ 背景を設定する

01 Shade Explorer を表示する

「センターテーブル.shd」ファイルを開きセンターテーブルにガラスと金属のテクスチャを設定します。テクスチャが確認しやすいように、Shade Explorer の背景を使用します。ここでは、[Sutudio_Lifhting_1]を使用します。

[透視図]でプレビューレンダリングに切り替える

[Shade Explorer]を表示し、[背景]の[Sutudio_Lifhting_1]を選択する

02 背景の方向を変更する

この背景はパノラマ背景のため、統合パレットの[背景]にある[方向]のスライダーを動かして背景の方向を変更することができます。

153

03 マスターサーフェスを作成する

新規にマスターサーフェスを作成します。

ツールボックスの［作成］→［マスターサーフェス］をクリックします。

［名前］ダイアログボックスに［ガラス］と入力し❸、［OK］をクリックします❹。

［ブラウザ］にマスターサーフェスパートが作成され、その中にガラスの表面材質が入ります。

STEP 03 ガラスの質感を設定する

ガラスの質感設定です。

［拡散反射］は黒にします。［反射］を「0.1」、［透明］を「0.95」、［屈折］を「1.5」に設定します。

01 マスターサーフェスを設定する

センターテーブルの天板に［ガラス］を設定します。

［ブラウザ］から［天板］パートを選択します❶。［表面材質］の［使用］からガラスを選択します❷。プレビューがガラスの材質に変わります❸。レンダリングを確認します。

Lesson 03 ■ 質感を設定する

02 ガラスの色を設定する

色ガラスにしたい場合は［透明］に色を設定します。ここでは緑を設定しました。

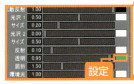

STEP 04 ▸ メタルの質感を設定する

センターテーブルの「幕板」と「脚」に金属を設定します。新規にマスターサフェスを作成します。名称を「メタル」にして［拡散反射］を「黒」、［光沢1］を「0.8」、［反射］を「0.8」設定しています。
また、［効果設定］にある［メタリック］を「0.2」に設定しています。

01 脚・幕板にメタルを設定する

［脚］パート、［幕板］パートそれぞれに［表面材質］の［使用］から［メタル］を選択し、レンダリングを確認します。

STEP 05 ▸ 木目の質感を設定する

テーブルに木目を設定します。新規にマスターサーフェスを作成し、名前を「木目」にします。木目の質感を［マッピング］のチェックボックスをクリックしてから❶、［パターン］をクリックし❷、コンテクストメニューから［木目］を選択して作成します❸。

155

01 ［カラー］ウインドウを表示する

木の色を設定します。カラーの設定は［表示］メニューの［カラー］を選択し❶、［カラー］ウインドウを表示して設定することができます。［HSV］の▼をクリックし❷、プルダウンメニューを表示します。［色相］［彩度］［明度］のスライダーをドラッグして調整し❸、色を作成します。

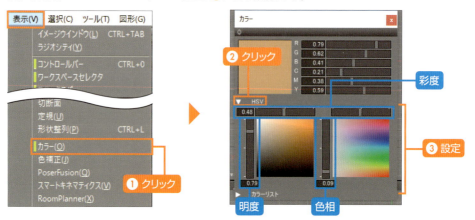

02 木目に色を設定する

木のベース色と木目の色をそれぞれ設定します。
［カラー］ウインドウで作成した色は、［表面材質］のカラーボックスに色をドラッグすることで設定できます。ここでは以下の設定をしています。

［基本設定］
❶拡散反射：木のベース色
❷光沢1：［0］にして光沢を外す

［マッピング］
❸拡散反射：木目の色
❹適用率：テクスチャの濃度
❺乱れ：木目の乱れを調整

COLUMN　木目の表現について

［乱れ］の数値が小さいほど木目はまっすぐになり［柾目］の木目が表現でき、数値が大きくなると［板目］の表現ができます。

Lesson 03 ■ 質感を設定する

03 サイズを調整する

テーブルの「幕板」と「脚」に「木目」を設定します。木目のサイズが形状に対して大きい場合、木目のサイズを［位置＆サイズ］タブの［サイズ］で調整することができます。

04 投影を切り替える

形状に合わせてテクスチャの投影方向を調整します。
［投影］ポップアップメニューをクリックし❶、ここでは［ボックス］に設定します❷。
XYZ軸の3方向から平行にテクスチャが設定され、各面に木目が表示されます。

05 木目の向きを合わせる

投影設定を行いましたが、幕板の木目の向きが合っていません。
その場合は、投影の方向が違うテクスチャを作成して形状ごとに設定します。

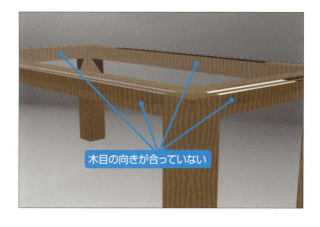

157

06 マスターサフェスを複製する

マスターサーフェスを複製して投影方向の違うテクスチャを作成します。［ブラウザ］で「マスターサーフェス」の「木目」を選択します。統合パレットの［表面材質］→［複製］ボタンをクリックします❶。［名前］を入力し❷、［OK］をクリックします❸。複製した木目の投影方向を切り替えます❹。ここでは名前を「木目Y」にし、［投影方向］を「Y」にしています。

07 材質を再設定する

［幕板］の木目を修正します。［幕板］パートを選択し❶、［表面材質］の［使用］から［木目Y］を設定します❷。

COLUMN　木目の方向について

木目の向きと投影方向は図のようになります。

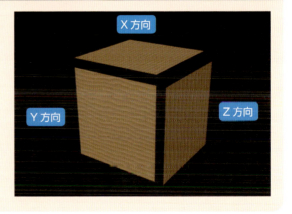

158

Lesson 03 ■ 質感を設定する

08 自由曲面に変換する

掃引体のままでは、すべての方向に木目の向きが対応できません。
その場合は、自由曲面に変換して面ごとに投影方向を設定したテクスチャを対応させます。

STEP 06 画像でテクスチャを作成する

01 材質に画像を使用する

サンプルファイルのフローリングの画像を取り込みテクスチャにします。
サンプルファイルの「空間.shd」を開き、マスターサフェスを作成し❶、「フローリング」と名前をつけます❷❸。

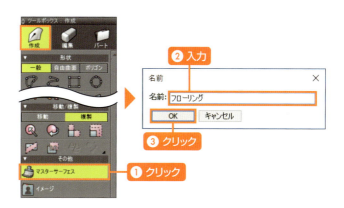

02 イメージを取り込む

「マッピング」のチェックボックスをクリックして「パターン」から[イメージ]を選択します❶。[イメージ編集]をクリックし❷、[読み込み]を選択します❸。[開く]ダイアログボックスが表示されるので、[画像]から「フローリング.jpg」ファイルを選択し❹、[開く]ボタンをクリックして画像を取り込みます❺。床の形状にフローリングを設定します。

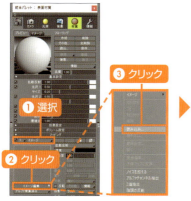 

159

03 イメージのサイズと向きを変更する

フローリングの向きを変える場合は、[イメージ]タブの[縦横入れ替え]のチェックボックスをクリックし❶、イメージの向きを90°傾けて変更します。

[反復]ではイメージを繰り返す数をポップアップメニューから「1〜10」までの数値を選択するか、テキストボックスに直接数値を入力することで設定できます❷。

❶ クリック　❷ 入力

04 反復の設定と向きを調整する

図は[反復]の数値を変更し、床の大きさに合わせてフローリングのサイズを調整し、[縦横入れ替え]を実行してフローリングの向きを変更しています。

[反復]の[横]を「8」、[縦]を「8」に変更した例

縦と横を入れ替えた例

05 光沢を組み合わせる

イメージと質感を組み合わせることができます。フローリングに[反射]を組み合わせてツヤを出すことができます（ここでは反射を「0.12」に設定）。

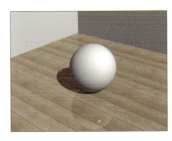

160

Lesson 03 ■ 質感を設定する

06 マットな質感を表現する

新規にマスターサーフェスの「タイル」を作成し、画像の「タイル.jpg」を取り込みます。イメージを使用の場合でも光沢（[光沢1][光沢2]）を[0]にすると、マットな質感を表現することができます。

■ Point　反復を設定する

ここでは[イメージ]→[反復]を縦・横共に「3」にしています。

07 バンプ設定で質感を出す

タイル目地など、凹凸感を出したい場合は[バンプ]を組み合わせます。

■ Point　組み合わせるイメージの
　　　　カラー設定

バンプで組み合わせるイメージはグレースケールの画像でも可能です。

[バンプ]の[適用率]を「5」にした例

08 バンプ設定の手順を確認する

[レイヤ複製]ボタンをクリックします❶。
[2]の[イメージ]レイヤーが追加されます❷。
[属性]をクリックし❸、コンテクストメニューから[バンプ]を選択します❹。
[適用率]の数値を大きくして凹凸感を調整します❺。

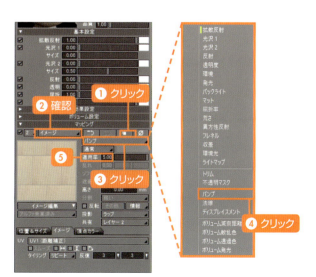

STEP 07 ▸ トリムで植物を設定する

01 「トリム」マッピング設定で植物を表現する

観葉植物などの複雑な形は「トリム」マッピングを使って切り抜くことができます。アルファチャンネルを持った画像ならばマッピンググループの［アルファ透明］を設定することで切り抜くことが可能です。

02 「トリム」マッピングを設定する

新規に［マスターサーフェス］の［植物］を作成します。［マッピング］の［イメージ編集］で「植物.psd」ファイルを読み込み❶、［アルファ透明］に変更します❷。

> **Point** 組み合わせるイメージのカラー設定
>
> 「植物.psd」は植物以外は透明になる「アルファチャンネル」を持つ画像です。アルファチャンネルを持たない画像は、切り抜き用のグレースケール（白黒の画像）の画像と組み合わせて作成します。

03 土をバンプ設定で表現する

バンプは［海］や［雲］のパターンと［バンプ］属性を組み合わせて表現することができます。ここでは「土」パートに「雲」のバンプを設定しています。

Lesson 03 ■ 質感を設定する

STEP 08 ▸ 画像の色を変更する

01 画像を調整する

「ソファ.shd」ファイルを開きます。ソファには布の質感のテクスチャが設定されています。ここでは［マスターサーフェス］の［ソファ布地］の画像の色を編集します。
［イメージ編集］をクリックし❶、［画像編集］を選択します❷。

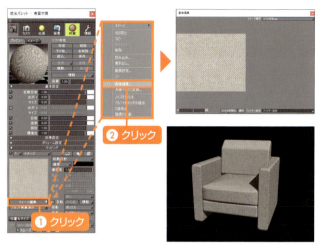

ソファに設定されているテクスチャ

02 画像のカラーを調整する

［画面編集］ウインドウの［カラーコレクション］を選択し❶、［露出］や［コントラスト］、［色温度］や［色合い］などのスライダーをドラッグして色を編集します❷。
［適用］ボタンをクリックすると❸、編集後のイメージファイルが「イメージ」パートに追加されます❹。

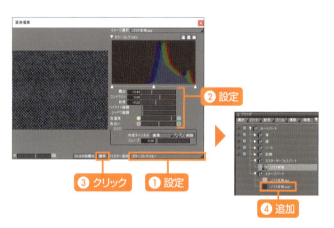

03 イメージを再設定する

［イメージ編集］をクリックし❶、「イメージ」を選択すると「イメージ」パートに登録されているイメージがリストで表示されます。
編集後のイメージを選択すると❷、ソファの色が変更されます。

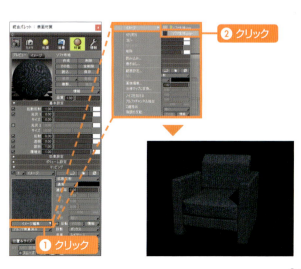

163

Part4 家具のモデリング

Lesson 04 Shade Explorer で カタログを作成する

USE TOOL

Shade Explorerにオリジナルで作成した形状や材質などを登録してカタログを作成することができ、効率よく作業を進めることができます。カタログには後から作成したものを追加することもでき、登録した部品の編集も可能です。

STEP 01 オリジナルカタログを作成する準備　練習フォルダ：Part4-04

これまでに作成したインテリア小物や家具の形状をShade Explorerでカタログにします。部品を配置するときはカタログから選んで配置します。

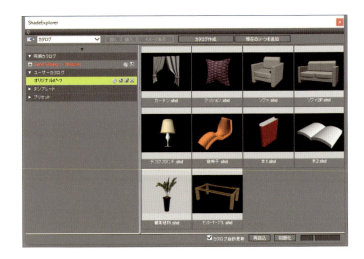

01 登録する前に準備する

形状は、ファイルを保存した時のマウスポインターの位置が配置基準になります。意識せずに保存してしまうと、目的の位置にすぐに配置ができなくなります。

効率よく配置するためにも、マウスポインターの位置を認識しておくようにしましょう。

今回は原点に基準があうように［図面操作］アイコンから［原点にカーソル］を必ず最後に選択します。

164

Lesson 04 ■ Shade Explorer でカタログを作成する

02 表示されるサムネイル

また、カタログに表示されるサムネイルは［イメージウインドウ］でレンダリングされた表示が反映されます。アングルを調整し、レンダリングを実行したのちファイルを保存します。

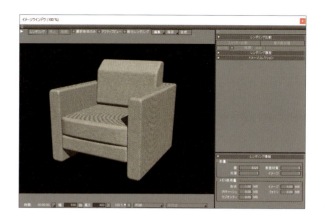

STEP 02 オリジナルカタログを作成する

01 カタログに表示するファイルをまとめる

オリジナルカタログの作成手順です。

カタログに表示する形状ファイルをフォルダにまとめます❶。フォルダの置き場所をデスクトップなどわかりやすい場所にしておきます。［Shade Explorer］ウィンドウを表示し、［カタログ作成］ボタンをクリックします❷。

02 ［カタログ作成］ダイアログボックスでフォルダを指定する

［カタログ作成］ダイアログボックスが表示されます。

［パス］の［参照］ボタンをクリックします❶。
［フォルダーの選択］ダイアログボックスでフォルダを選択し❷、［フォルダーの選択］ボタンをクリックします❸。

03 フォルダのパスを確認する

[パス] に指定したフォルダのパス（フォルダのある場所）が表示されるので❶、[OK] ボタンをクリックします❷。

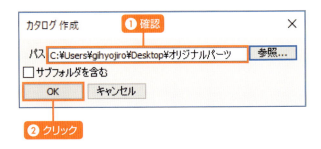

04 カタログが作成される

フォルダの名称がカタログ名になるので名称を変更する場合は入力し❶、[OK] をクリックします❷。
Shade Explorer にオリジナルのカタログが作成されます。

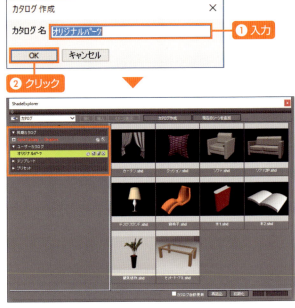

[ShadeExplorer] ウインドウの左の欄に作成したカタログが表示される

STEP 03 カタログを編集する

01 カタログのファイルを編集する

カタログの上でダブルクリックすると選択した形状が直接開きます。サムネイルに表示するレンダリングのやり直しや、形状の修正など行うことができます。

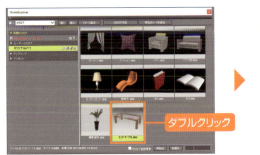 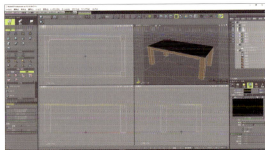

Lesson 04 ■ Shade Explorerでカタログを作成する

02 カタログを更新する

ファイルを修正した場合はカタログの更新を行います。
[Shade Explorer] ウインドウの [更新] をクリックし❶、[確認] ダイアログボックスの [OK] ボタンをクリックします❷。また、[カタログ自動更新] にチェックを入れておくと、修正が加わったところで自動的に更新されるようになります。

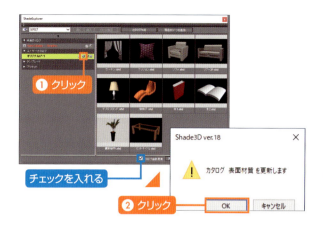

STEP 04 モデルを配置する

01 カタログからモデルを選んで配置する

[Shade Explorer] ウインドウから形状を配置する場合は、カタログから目的の形状を選択し❶、ドラッグして配置します❷。[ブラウザ] には新規パートが作成され、その中に形状が入ります。パートの名前はわかりやすいように変更しておきます❸。

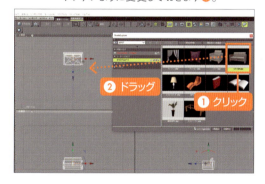

[ブラウザ] に新しくパートが作成される

02 高さを決めてから配置する

床の上に置く、ソファの上にのせるなど、目的の高さに合わせて配置する場合は先にY座標をクリックして高さを決めてから配置すると高さ調整の手間が省けます。

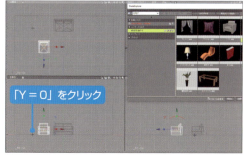

床に置きたい場合、「Y = 0」の位置をクリックしてから配置

クッションを置く高さでクリックしてから配置

167

Part4 家具のモデリング

Lesson 05 プレゼンテーション用簡単レンダリングを設定する

USE TOOL ＋ no items

パースの仕上がりには光の当て方やアングルの取り方が見せ方に大きく影響します。ここでは難しい操作をぜず、光源は無限遠光源のみを使い、簡単に見栄え良いパースを作成する方法を紹介します。

STEP 01 ＋ 見栄えの良いパースを作る

完成フォルダ：Part4-05F

作った形状をプレゼンテーション用に背景や光源を設定し、アングルを調整してパース作成します。
レンダリング設定も［イメージ］ウインドウの［レンダリング設定］でより効果的なものに変えて作成してみましょう。

作成した形状

プレゼン用のパース

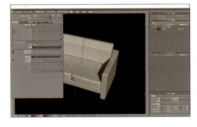
［イメージウインドウ］での
レンダリング設定

STEP 02 ＋ レンダリング用の背景を作成する

01 背景を作成する

ここではソファのパースを作成します。床に影が落ちるように背景を作成します。［上面図］でソファの左側をクリックします❶。［右面図］に［開いた線形状］で大きなL字型を作成し❷、コーナーを［角の丸め］を実行してR型にします。［上面図］か［正面図］で掃引体にします❸。

❶ クリック
❸ ドラッグ
❷ R型を作成する

168

Lesson 05 ■ プレゼンテーション用 簡単レンダリングを設定する

02 背景を調整する

アングルに合わせて背景を調整します。
［透視図］の［スクロール］ボタンと［回転］ボタンの上をドラッグして操作し、アングルを調整します。アングルによっては背景が外れてしまいます❶。アングルに合わせて背景の位置や角度を動かします❷。

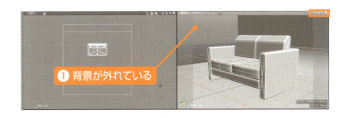

❶ 背景が外れている

❷ 背景を移動または回転して調整

03 レンダリングして確認する

［レンダリング］メニュー→［レンダリング開始］を選択します。［イメージウインドウ］でレンダリングの結果を確認します。

STEP 03 ▶ 光源を設定する

01 無限遠光源を調整する

統合パレットの［光源］で、ソファにメインに当てる光を調整します。［左半球］をクリックすると［透視図］に対しての光源の当たり方を調整します。ここでは左上から光が当たるようにしています。

169

02 影を調整する

影が強く出過ぎているので、[詳細設定]の[影]の数値を下げて影が薄くなるように調整します。

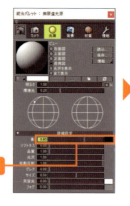

03 無限遠光源を追加する

無限遠光源を追加し、側面の暗がりをフォローする光をゆるめに設定します。影も薄めに設定します。

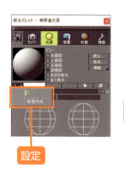

04 カメラを調整する

統合パレットの[カメラ]でアングルを調整することができます。[視点][注視点][視点 & 注視点]を切り替えてジョイスティック上を上下、左右にドラッグして操作します。[ズーム]の場合、ジョイスティックの上下でカメラ位置を調整します。左右の場合は焦点距離が変わります。

Point カメラの調整について

Part6 Lesson03の「カメラアングルを設定する」(p.268) を参照してください。

Lesson 05 ■ プレゼンテーション用 簡単レンダリングを設定する

05 背景の反射を設定する

背景の表面材質に［反射］を設定して、床面の写り込みを設定します。

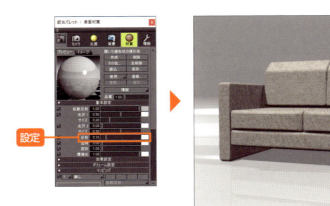

06 光源の光沢をなくす

床面に光沢を設定すると光が強く反射するので、［無限遠光源］の［光沢］を［0］にして反射をなくします。

07 レンダリング設定を変更する

レンダリングの手法を変更します。［レンダリング］メニューから［レンダリング設定］を選択します。
［手法］をレイトレーシングから、さらに高画質なパストレーシングに切り替えます❶。［基本設定］タブの［面の分割］を［最も細かい］にして曲面がきれいに表示するようにします❷。

Point レンダリング時間について
パストレーシングや面の分割は高精細な分、レンダリングに時間がかかります。

171

08 ［大域照明］の設定

［大域照明］を設定すると間接光（反射によって繰り返される間接的な光）を計算するため、よりリアルな表現になります。ただし、レンダリングに時間がかかります。［イメージウインドウ］の［レンダリング］をクリックすると、レンダリングが実行されます。

09 パノラマ背景を使用の場合

背景にパノラマ背景を使用している場合、画像に形状が表示されている状態なので影ができません。

10 影や光沢の設定

影を落とす形状を作成します。形状に反射を設定した場合、その影響を反映するように設定することができます。ここではガラスの［反射］に色を設定し、ガラスに薄く色をつけてます。

床の光沢を［反射］を調整して設定する

172

Lesson 05 ■ プレゼンテーション用 簡単レンダリングを設定する

11 シャドウキャッチャーを設定する

[シャドウキャッチャー]を使用して影や光沢感を反映するようにします。
[ブラウザ]の[表示/非表示切り替え]ボタンをクリックします❶。影を落としている形状を選択してチェックボックスを右クリック（Macは control ＋クリック）し❷、表示されるリストの中から[シャドウキャッチャー]をクリックしてチェックを入れます❸。[シャドウキャッチャー]チェックボックスを2回クリックし❹、図のような表示にして機能を有効にします。

12 材質設定を変更してレンダリングする

[表面材質]の[その他]をクリックし❶、[その他の表面材質属性]ウインドウを表示します。
[背景を反射しない]にチェックを入れて[OK]をクリックします❷。
レンダリングして確認すると、形状は表示されず、影と反射のみが反映しています。

13 複数のアングル設定

複数のアングルを指定したい場合、アングルを[記憶]することができます。
アングルを設定後、[カメラ]の[記憶]ボタンをクリックし❶、リストから[メタカメラ]を選択すると❷、[メタカメラ2]が追加されます❸。記憶したメタカメラを切り替えて見たいアングルにすぐに切り替えることができます。

記憶したメタカメラを選択することでアングルを切り替えることができる

173

Part4　家具のモデリング

Lesson 06 : 形状作成のまとめ：ソファを作成する

USE TOOL

Part4でこれまで学んできたことをおさらいしながら実際にモデリングしてみましょう。
ここでは、ソファを作成しながら自由曲面の特徴とパートの分類について解説します。

作例　ソファ　　　　　　　　練習フォルダ：no folder　　完成フォルダ：Part4-06F

［ブラウザ］を整理しながら自由曲面でソファを作成します。角に丸みをつけるための「ふた」の作成や線形状の「切り替え」を行います。今までの操作の復習にもなるので繰り返し行う操作の説明は省略していますが、わからなくなったら該当するページを参照してください。

完成見本

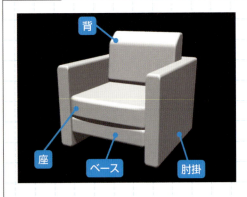

作成ポイント
- 線形状を［一点に収束］を実行してふたにする
- 線形状を水平・垂直方向に［切り替え］を実行して選択する
- マルチハンドルで複数のハンドルを操作する
- リンク図形でソファを変形する

寸法

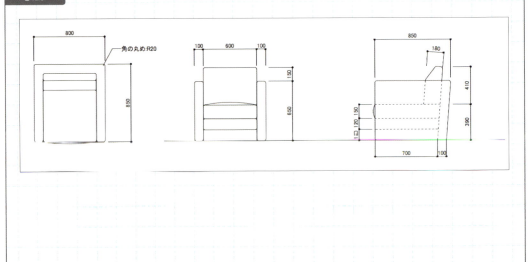

Lesson 06 ■ 形状作成のまとめ：ソファを作成する

STEP 01 ▶ 形状の角を丸める

ソファでは、作成した形状に丸みをつけます。自由曲面は水平方向の線形状と垂直方向の線形状が交差してできており、丸みをつける場所に合わせて線形状の向きを切り替えます。

パートの切り替えは、ツールボックスの［編集］→［切り替え］で行います。

水平方向の線形状

垂直方向の線形状

STEP 02 ▶ ソファの肘掛を作成する

01 肘掛のパスを作成する

肘掛のパスになる形状を作成します。

［上面図］にツールボックスの［作成］→［開いた線形状］で図のように線形状を作成します❶。統合パレットの［形状情報］→［バウンディングボックス］の［サイズ］の数値を「X=800」「Z=850」にし、［位置］の数値を「X=0」「Y=0」「Z=-425」にします❷。

［ツールパラメータ］の［記憶］ボタンをクリックし形状を記憶します❸。

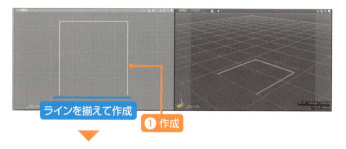
ラインを揃えて作成　❶作成

❷設定

❸クリック

175

02 肘の断面を作成する

ツールボックスの[作成]→[長方形]を選択し、[正面図]に「X=100」「Y=650」の長方形を作成します❶。断面形状を選択して[表示]メニューから[形状整列]を選択し[上面図]で、[記憶した線形状に形状配置]のZ／X座標の左下の座標をクリックして設定し❷、Yは[0]にし❸、[更新]ボタンをクリックします❹。パスの先端に長方形の左下が揃います。

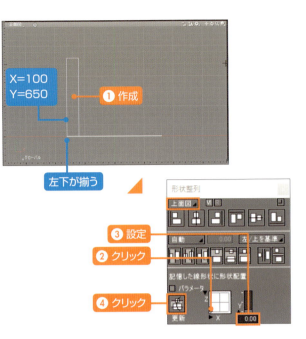

03 断面を掃引する

[掃引]ボタンをクリックします。断面形状がパスに沿って掃引され自由曲面ができます。

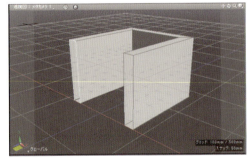

04 コントロールポイントを選択する

肘掛の背面が傾斜するようにコントロールポイントを移動して編集します。

[ブラウザ]の「自由曲面」を選択し[形状編集]モードに切り替え、[右面図]で図のポイントを囲うように選択します❶。ツールボックスの[作成]→[移動]→[数値入力]を選択し❷、画面をクリックします❸。

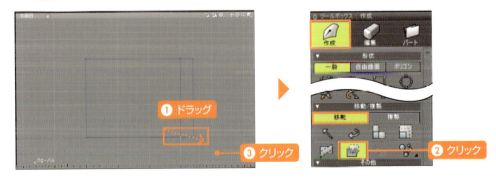

Lesson 06 ■ 形状作成のまとめ：ソファを作成する

05 コントロールポイントを移動する

［トランスフォーメーション］ダイアログボックスが表示されたら、［直線移動］を「Z=50」にし❶、［OK］をクリックします❷。肘掛の背面が斜めの形になります。

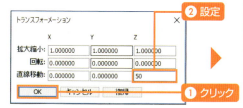
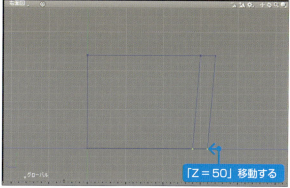

STEP 03 ソファの肘掛を完成させる

01 ふたにする形状を選択する

［オブジェクト］モードにし、線形状を複製して肘掛先端のふたを作成します。［ブラウザ］の［自由曲面］の一番上の線形状と一番下の線形状をそれぞれ選択し❶、ツールボックスの［作成］→［複製］→［直線移動］をクリックし❷、画面をクリックして形状を複製します。

02 ふたを作成する

ふたにする形状を片方ずつ選択し❶、ツールボックスの［編集］→［一点に収束］を選択します❷。肘掛の先端にふたができます。

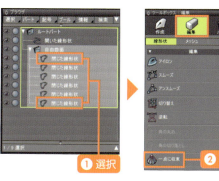

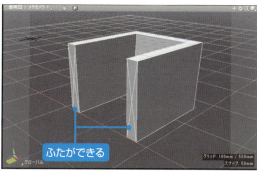

177

03 垂直方向の角を丸める

肘掛のコーナーに該当する線形状を［ブラウザ］から選択して順番に丸めていきます。

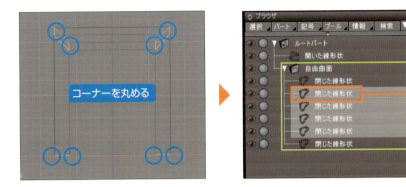

04 角の半径を指定する

各線形状をツールボックスの［編集］→［角の丸め］をクリックします❶。［ツールパラメータ］の「半径=20」に設定し❷、［確定］ボタンをクリックします（または Enter キーで確定）❸。

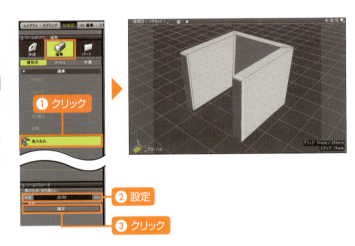

05 水平方向の角も丸める

ツールボックスの［編集］→［切り替え］を選択し❶、水平方向の線形状に切り替えます❷。コーナーに該当する線形状を順番に［半径=20］で角を丸めます。

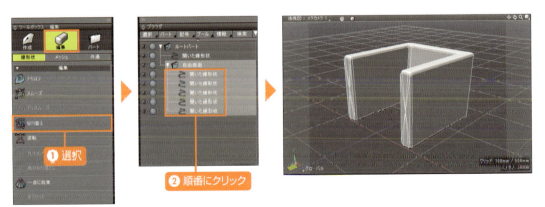

Lesson 06 ■ 形状作成のまとめ：ソファを作成する

STEP 04 ソファの肘掛をパートとしてまとめる

01 パートを作成する

自由曲面パートを新規パートにまとめます。[ブラウザ]で「自由曲面」を選択します❶。ツールボックスの[パート]から Ctrl （Macは option ）キーを押しながら［パート］をクリックします❷。

パートが作成されてまとめられる

02 パートに名称をつける

自由曲面パートが新規にパートに入ります。作成された［パート］をダブルクリックします❶。
表示された［名前］ダイアログボックスに［肘掛］と入力し❷、［OK］をクリックします❸。パートの名称が肘掛になります。

■ **Point　パートに形状が入らない場合**

自動的にパートに入らなかった場合、形状をパートの中にドラッグして入れます。

STEP 05 ソファのベースを作成する

01 ベースを作成する

ベースの形状を作成します。最初に作成した線形状（肘掛のパスで記憶した形状）を利用します。［ブラウザ］で最初に作成した［開いた線形状］を選択します。

最初に作成した線形状

02 ベースのサイズを設定する

統合パレットの［形状編集］→［線形状属性］で［閉じた線形状］のチェックボックスをクリックします。❶。バウンディングボックスのサイズを「X=600」「Z=700」にします❷。位置を［Z=－350］にします❸。面のある形状ができました。

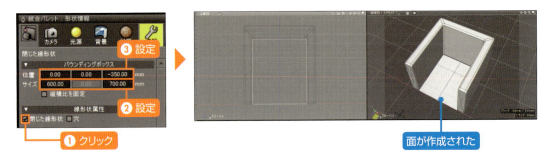

03 ベースを掃引体にする

ベースを掃引体にし、配置を調整します。［正面図］でツールボックスの［掃引体］を選択し、形状を上方向にドラッグして掃引体にします❶。統合パレットの［形状情報］→［掃引］を「Y=120」にします❷。ツールボックスの［移動］→［数値入力］を選択し❸、画面をクリックします。

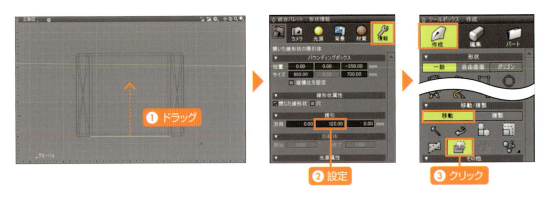

04 移動の数値を設定する

［トランスフォーメーション］ダイアログボックスの［復帰］をクリックし❶、数値をクリアします。［直線移動］を「Y=120」に設定し❷、［OK］をクリックします❸。高さ120mmのベースが床より120mm上に移動しました。

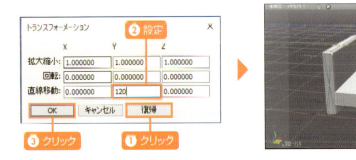

Lesson 06 ■ 形状作成のまとめ：ソファを作成する

05 自由曲面に変換する

掃引体を自由曲面に変換します。[ツールパラメータ]の[自由曲面に変換]をクリックします❶。[ブラウザ]の[自由曲面]の外にある[閉じた線形状]の上は[自由曲面]の一番上に❷、下は一番下に移動します❸。

06 自由曲面に変換する

[自由曲面]の一番上と一番下の形状は❶、それぞれツールボックスの[編集]→[一点に収束]にします❷。

07 ソファのベースが完成する

[一点に収束]を実行した以外の上下の線形状を[角の丸め]で「半径＝20」にして丸めます。次にツールボックスの[切り替え]をクリックし垂直方向の線形状に切り替え❶、コーナーにあたる線形状を選択し❷[角の丸め] の[半径=20]にして丸めます（p.178の手順05参照）。[ブラウザ]の「自由曲面」の上にある「パート」の名前を「ベース」と入力します（p.179の手順02参照）。ソファのベースが完成しました。

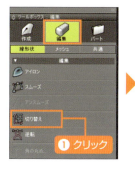  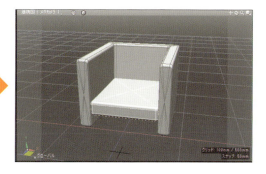

181

STEP 06 ソファの座を作成する

01 複製移動で座を作成する

ベースを複製移動し、サイズを変更して座にします。
ツールボックスの［作成］→［複製］→［数値入力］
を選択して画面をクリックします。［トランスフォーメーション］ダイアログボックスの［復帰］で数値をクリアし❶、
［直線移動］の［Y］に計算式を入れて❷、［OK］ボタンをクリックします❸。ここでの数値は「120＋15」
＝「(ベースの高さ)＋(150に高さを変更した時の差分)」
になります。

Point　計算式の入力

計算式が入力できるのは ver16.1 以降になります。

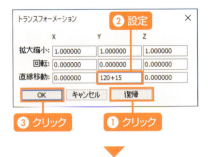

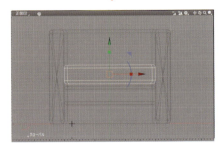

02 パート名を変更する

複製された［ベース］のパートをダブルクリックし❶、名前を［座］に変更します❷❸。［座］パートのサイズを［形状情報］の［バウンディングボックス］の［サイズ］で「Y=150」にします❹。

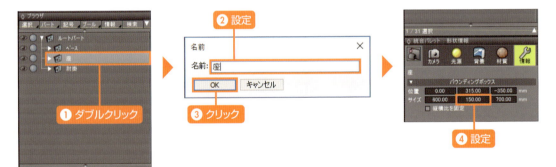

03 コントロールポイントを追加する

座の一部を膨らませるため、コントロールポイントを追加します。［形状編集］モードに切り替えます。
水平方向の線形状で図に該当する線形状を選択し❶、ツールボックスの
［編集］→［コントロールポイントの追加］を選択し、上面図で線形状をドラッグします❷。

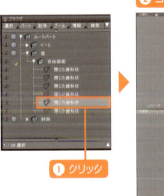

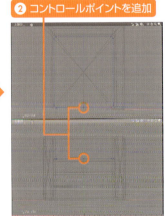

水平方向の線形状にコントロールポイントを追加

Lesson 06 ■ 形状作成のまとめ：ソファを作成する

04 垂直方向のコントロールポイントを追加する

垂直方向の線形状に切り替え❶、図の位置にコントロールポイントを追加します❷。

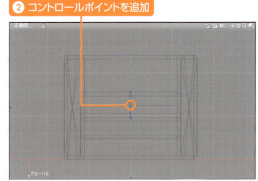

垂直方向の線形状にコントロールポイントを追加

05 コントロールポイントを移動する

コントロールポイントを移動して座の正面を膨らませます。［右面図］で図の位置のコントロールポイントを囲むように選択します❶。マニピュレーターの軸移動で左にドラッグし❷、［ツールパラメータ］の［距離］を「20」にし❸、［確定］をクリックします❹。

06 曲線を調整する

線形状を切り替え、［形状編集］モードで水平方向の接線ハンドルを調整してカーブを整えます。［ブラウザ］の座の［自由曲面］を選択し❶、右側の上下重なり合う位置にあるコントロールポイントを選択します❷。

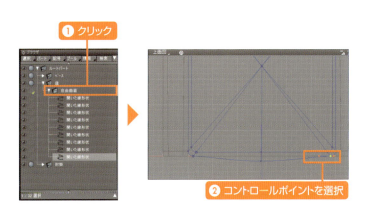

183

07 曲線を調整する

コントロールバーの［マルチハンドル］を ON にし❶、線形状の中に食い込んでいるハンドルを同時に移動してカーブを整えます❷。反対側のポイントも同じように調整します❸。終了後は［マルチハンドル］を OFF にします。

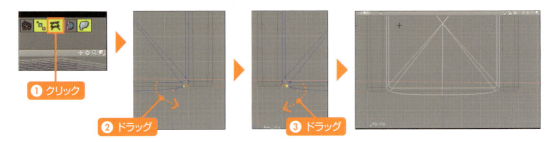

STEP 07 ソファの背を作成する

01 座標を指定する

背の断面形状を作成します。［オブジェクトモード］にし、ルートパートを選択します❶。［上面図］で左肘の内側を Ctrl （Macは command ）キーを押しながらクリックします❷。

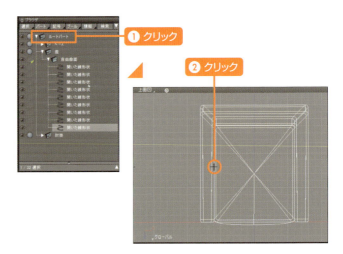

02 背を作成する

［右面図］に［長方形］■で背の図形を作成します❶。統合パレットの［形状情報］→［バウンディングボックス］→［サイズ］を「Y=410」「Z=180」にします❷。形状が座の上と、肘掛背面内側に当たるように位置を調整します。

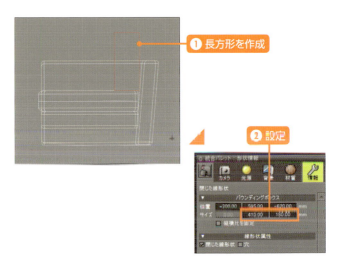

Lesson 06 ■ 形状作成のまとめ：ソファを作成する

03 背の角を切り落とす

形状編集モードに切り替えて、[右面図]で背の左上のコントロールポイントを選択します❶。ツールボックスの[編集]→[角の切り落とし]を選択します❷。[ツールパラメータ]の[半径]を[100]にし❸、[確定]をクリックします❹。

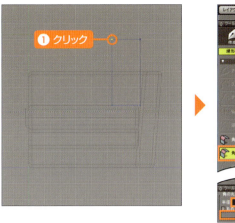

04 全体の角を丸める

背の角を全体を丸めます。[オブジェクトモード]に切り替えます❶。ツールボックスの[編集]→[角の丸め]を選択し、[ツールパラメータ]の[半径=20]にして[確定]をクリックします（p.178の手順05参照）❷。全体の角が丸まりました。

05 回転する軸を設定する

回転ツールで回転軸を任意に指定し、肘掛の斜めラインに合わせて線形状回転します。
ツールボックスの[作成]の[移動]から[回転ツール]を選択します❶。回転軸は形状の中央にあるため、右下をクリックして回転軸を指定します❷。回転させる位置にマウスポインタを移動します❸。

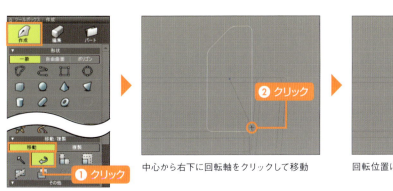

中心から右下に回転軸をクリックして移動

回転位置にマウスポインタを移動

185

06 背を回転する

ドラッグすると図形が回転します。肘の背面の斜めラインに添わせて背を傾けます。

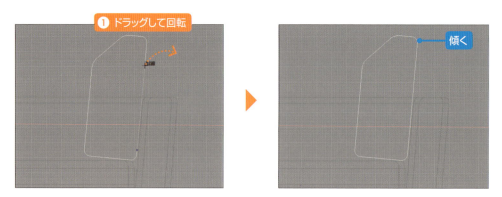

07 掃引体にする

背の図形を掃引体にします。ツールボックスの［作成］→［掃引体］を選択します。上面図で線形状の上から右方向にドラッグして掃引体にします❶。統合パレットの［形状情報］→［掃引］を「X=600」にします❷。

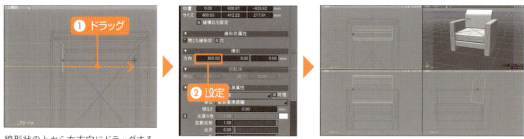

線形状の上から右方向にドラッグする

08 背の角を丸める

背の各コーナーを丸めていきます。［ツールパラメータ］で「自由曲面」に変換します。ベースの作成と同様に「自由曲面」パートの下にある線形状を順序に合わせて中に入れ、［一点に収束］を実行して側面にふたをし、垂直方向の線形状を［角の丸め］で「半径＝20」にして丸めます。

Point　次の角を丸める場合

［角の丸め］は［確定］ボタンをクリックしてから次の線形状を選択します。

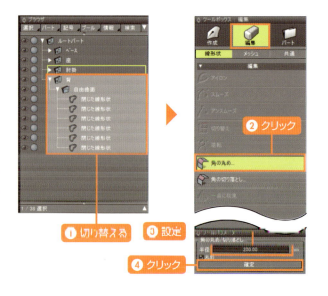

Lesson 06 ■ 形状作成のまとめ：ソファを作成する

09 ソファが完成する

パート名を「背」にします。ソファが完成しました。

Hint　パートの順番を整理しておく

あとから編集する場合に作業しやすいよう、パートの順番を入れ替えておきましょう。パートをドラッグして移動することができます。ここでは「背」→「座」→「ベース」→「肘掛」の順番に並べています。

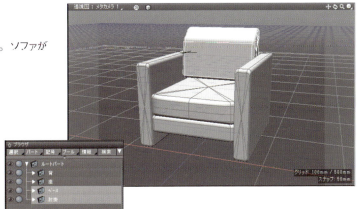

STEP 08 ソファを2人掛けに変更する

01 ベースと肘掛の幅を伸ばす

形状編集モードでコントロールポイントを移動して2P（2人掛け）のソファに編集します。［ブラウザ］から「ベース」と「肘掛」のパートを選択します❶。［形状編集］モードにして右側のポイントをすべて選択し❷、ツールボックスの［作成］→［移動］→［数値入力］を選択し❸、画面をクリックします。

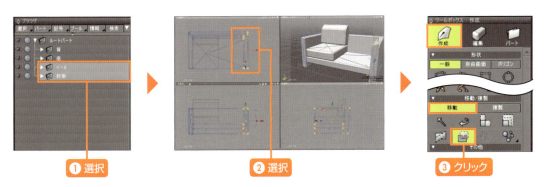

02 ソファを2人掛け用にサイズ変更する

［トランスフォーメーション］ダイアログボックスの［復帰］で数値をクリアし❶、［直線移動］の［X］を「600」にし❷、［OK］ボタンをクリックします❸。ソファが右側に伸びました。モデルの中心のコントロールポイントも移動します（ここでは「X=300」移動）❹。

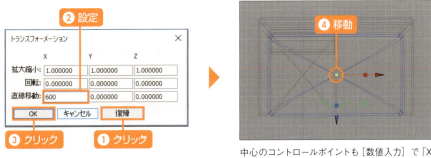

中心のコントロールポイントも［数値入力］で「X＝300」にして移動する

187

03 背と座をリンク形状にする

［オブジェクトモード］に切り替え、［ブラウザ］から［背］と［座］のパートを選択します❶。ツールボックスの［作成］→［複製］→［リンク形状を作成］を選択し❷、画面をクリックすると、同じ位置にリンク形状が作成されます。［ブラウザ］のリンク図形を選択します❸。

  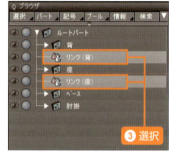

04 リンク図形を移動する

ツールボックスの［作成］→［移動］→［数値移動］を選択し、画面をクリックします。［トランスフォーメーション］ダイアログボックスの［復帰］で数値をクリアし❶、［直線移動］を「X=600」にし❷、［OK］ボタンをクリックします❸。右側にリンク形状が移動し、2人掛けに変更できました。

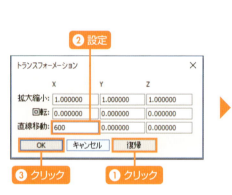 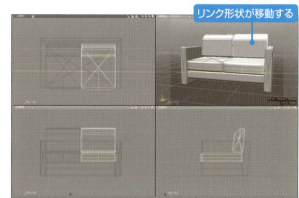

COLUMN リンク図形とは

リンク図形はマスター形状に編集が加わると、同時にリンク図形に反映されます。左右対称の図形などに利用すると便利です。また、ファイルサイズを軽減することができます。

建物のモデリング

Part5では、シンプルな一戸建てを作ります。
平面の図面に合わせて寸法通りにモデリングする方法を、
これまで学んだ形状の作り方を応用しながら作業します。
Part3、4で作成した小物や家具も配置します。

Part5 建物のモデリング

Lesson 01 ▸ 下絵を取り込む　平面図（CAD図面）

USE TOOL

ロフトのある戸建をモデリングします。図面をShade3Dに読み込んで、それを下絵に3Dを作成することができます。ここではCADデータを利用する方法と画像データを利用する方法を紹介します。

作例　建物の下図

練習フォルダ：Part5-01　　完成フォルダ：Part5-01F

DXF形式のCADデータや画像データを読み込むことができます。
Shade3Dの「オブジェクトスナップ」（形状にぴったりと合わせる）機能を使い、効率よく作成します。

完成見本

Vectorworksで作図した平面図。DXFで取り出したデータを下絵に利用することができる

作成ポイント：CADデータ
● CADで設定されたレイヤは［ブラウザ］のパートに分類され、表示・非表示を切り替えて使用しますが、CAD側で3D作成に必要なレイヤだけ残して取り出すようにすると、表示切替を省略することができます。

図面をJPEG形式の画像に取り出したもの。テンプレートは平面図、正面図、右面図など、それぞれのウインドウに設定することが可能

作成ポイント：画像データ
● 図面をスキャンした画像データをテンプレートとして読み込みます。CAD図ほどの正確性には欠けますが、下絵に寸法が記入されている部分を基準に画像サイズを合わせて使用することができます。

Lesson 01 ■ 下絵を取り込む 平面図（CAD図面）

STEP 01 ▸ DXFファイルを読み込む

01 読み込む平面図

ここでは、CADソフトで作成した練習用ファイル「平面図.dxf」を読み込みます。図面には寸法や部屋名などの文字も記入されています。

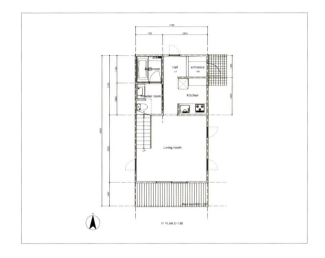

02 DXFファイルをインポートする

［ファイル］メニュー→［インポート］→［DXF］の順に選択します❶。

03 DXFファイルを選択する

「Part5_01」フォルダの「平面図.dxf」ファイルを選択し❶、［開く］をクリックします❷。

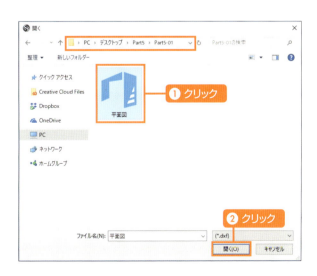

04 インポートを設定する

［インポート］ダイアログボックスが表示されます。
［スケール］が「1」になっていることを確認し❶、［OK］ボタンをクリックします❷。

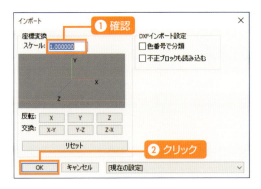

Hint　［スケール］の設定値

［座標変換］の［スケール］は、インポートする図面のスケールを変更します。スケールが「1」の場合はそのままのスケールで取り込まれ、「0.5」と入力すると、半分のサイズでインポートします。［反転］は指定した座標軸を反転します。例えば［反転］の［X］を指定した場合は平面図が左右反転します。

05 図形ウインドウに表示される

図面データが読み込まれ、下絵が図形ウインドウに表示されます。寸法や部屋名の文字は読み込まれていません。

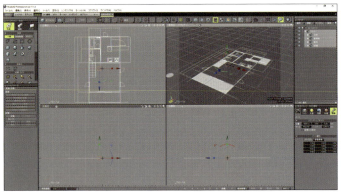

06 パートを確認する

CADで設定されたレイヤは［ブラウザ］にあらたに作られたパートの中に「パート名」として表示されます。

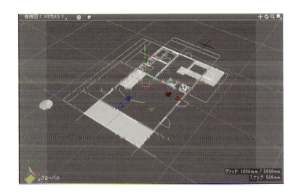

07 下図パートの設定を変更する

下図をなぞりながらモデルを作成しますが、そのままでは下図自体の選択や編集ができてしまい、レンダリングにも表示されてしまい扱いづらくなります。そこで、編集ができない、レンダリングがされないように設定を変更します。［ブラウザ］の「パート」名をダブルクリックします❶。［名前］ダイアログボックスが表示されたら、パートの名称を「#〜下図」にし❷、［OK］ボタンをクリックします❸。

08 使用しないパート（レイヤ）を非表示にする

パート名が「#〜下図」に変更されます❶。記号をつけることで、レンダリングや選択がされないようになります。続いて、下図に使用しないパート（レイヤ）の「文字」「基準線」「設備」は非表示にします❷。

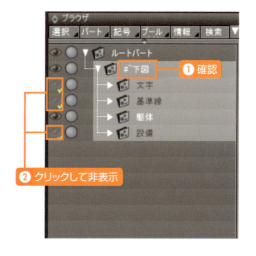

■ **Point** 「#〜」記号の意味

「#」はレンダリングの対象にしない、「〜」は選択の対象にしない記号になります。

09 図形ウインドウで確認する

図形ウインドウを確認すると、図のような表示になります。

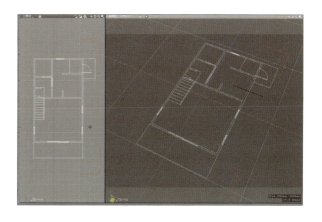

STEP 04 画像ファイルを読み込む

01 テンプレートを設定する

JPEG画像の断面図を右面図に読み込みます。
コントロールバーの［テンプレート設定］ボタン をクリックします❶。

02 画像を読み込む

［テンプレート設定］ウインドウが開きます。
［画像リストボックス］の［右下］タブをクリックし❶、リストボックス内の「ここをクリックして、テンプレート画像を追加」をクリックします❷。

03 画像ファイルを選択する

「Part5_01」フォルダの「断面図.jpg」ファイルを選択し❶、［開く］ボタンをクリックします❷。

Hint 画像ファイルの形式

画像のファイル形式はJPEGの他にBMP、GIF、TIFF、PNG、Photoshop形式なども読み込むことが可能です。

194

Lesson 01 ■ 下絵を取り込む 平面図（CAD 図面）

04 画像を表示する

画像が読み込まれます。画像は［テンプレート設定］ウインドウで削除したり、表示／非表示の切り替えができます。

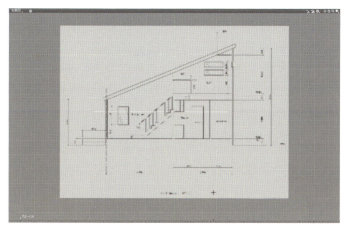

図形ウインドウに読み込まれる

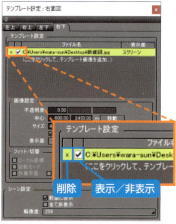

クリックすると、削除したり、表示と非表示を切り替えることができる

05 解像度を調整する

読み込んだ画像の解像度は「256」になっています。画像が荒い場合は「シーン設置」の「解像度」をクリックし❶、「512」、「1024」、「2048」から高解像度を選択して見やすい設定に変更します❷。

解像度を切り替えられる

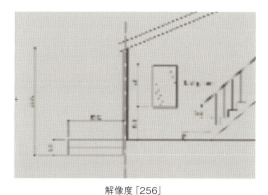

解像度「256」

解像度「2048」

06 画像を移動する

画像を移動する場合は［画面設定］の［移動］ボタンをクリックし❶、画像をドラッグして移動します❷。

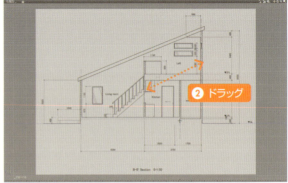

画像の上をドラッグして調整する

07 画像を拡大・縮小する

画像の大きさを変更する場合は［画面設定］の［縦横比を固定］にチェックを入れ❶、［拡大・縮小］ボタンをクリックします❷。画像をドラッグしてサイズを調整します❸。

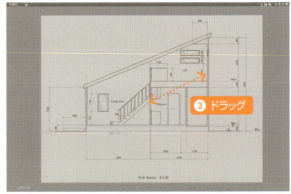

08 下図の位置を確認する

断面図の幅と下図の幅を合わせるため、［ブラウザ］の「躯体」パートを選択したときの幅を確認します。［ブラウザ］で「躯体」パートをクリックして選択します❶。

Lesson 01 ■ 下絵を取り込む 平面図（CAD図面）

09 下図の位置を確認する

位置が図のようになっているか確認します。

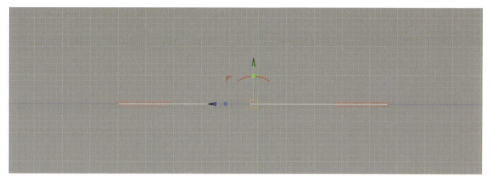

図は手順07と同じ［右面図］で画像を非表示にしたところ

10 画像の透明度を変更する

下図を見やすくするため、画像の不透明度を下げます。
［画像設定］の［不透明度］のスライダーを調整します❶。

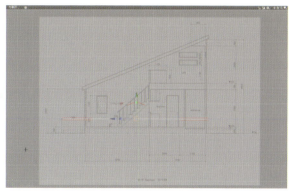

画像が透けて下図が見やすくなる

11 下図と画像を合わせる

画像の「拡大・縮小」と「移動」を繰り返し調整しながら断面図の幅と下図の幅、位置を合わせます。

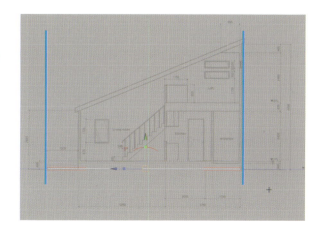

197

> **Part5** 建物のモデリング

Lesson 02 建物をモデリングする

USE TOOL

建物の規模や使用目的によって外観、内観にデータを分けて作成する場合がありますが、ここでは中の間仕切り壁や階段などを含めて作成します。今回のモデリングはPart4までに練習した作り方が基本になっており、ここではポイントになる部分に絞って解説します。

作例　戸建　　練習フォルダ：Part5-02　完成フォルダ：Part5-02F

たくさんの形状で構成するため各部をパートに分け、その中に構成する形状をまとめながら作成します。外観部分を作成し、次に内部の間仕切り壁や床を作成します。ドアや窓の建具が入る部分は後ほど作成する建具のパーツで穴を開けるため、壁には穴を開けずに作成します。

完成見本：外観

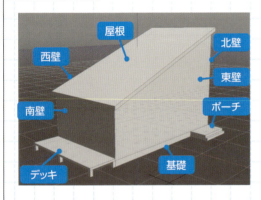

外観の作成ポイント
- 下図にスナップしながら作成する
- 部位ごとにパートを分ける
- 先にルートパートを選択してから作成。他のパートに形状が紛れないようにする
- 傾斜のある壁はポリゴンメッシュで変形する

完成見本：内部

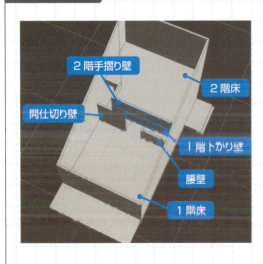

内部の作成ポイント
- 形状に合わせたツールを選択する
- スナップ対象を選択する
- 補助線を作成して形状を編集する

Lesson 02 ■ 建物をモデリングする

STEP 01 ▸ 基礎・壁を作成する

01 オブジェクトガイドを設定する

作業効率を上げるため、下図にスナップしながら形状を作成します。コントロールバーの［オブジェクトガイド］ボタン🔲をクリックします❶。［スナップ設定］ウインドウが開き、スナップさせる対象や要素を設定することができます。ここではそのままの設定で使用します。

02 ルートパートを選択する

形状管理がしやすいように部位別のパートを作成します。
［ブラウザ］で「下図」のパートは閉じておきます❶。作成中に別のパートに紛れないようにするため、形状を作成する前に「ルートパート」を選択します❷。

03 基礎を作成する

［上面図］で基礎の形状を作成します。
ツールボックスの［作成］→［直方体］🔲をクリックし❶、下図の左上のコーナーにカーソルを当て、「ポイント」と表示されたら右下のコーナーの「ポイント」と表示されるところまでドラッグします❷。

199

04 厚みをつける

ツールパラメータの [高さ] に基礎の厚みとなる「300」を入力します❶。[位置] の Y 座標が「0」になっているか確認し❷、最後に [確定] ボタンをクリックします❸。

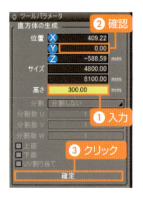
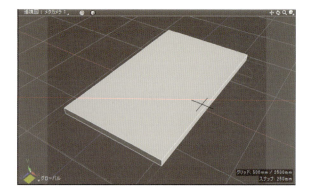

05 パートを作成する

作成した形状をパートにまとめます。
[ブラウザ] の「閉じた線形状の掃引体」を選択した状態で❶、Ctrl（Mac は option）キーを押したままツールボックスの [パート] → [パート] をクリックします❷。作成したパートの名前を「基礎」に変更します❸。

06 壁を作成する

下図に合わせて壁を4面作成します。「ルートパート」を選択し❶、[上面図] で下図の「ポイント」にスナップしながら [長方形] ■で壁の形状を4つ作成します❷〜❺。

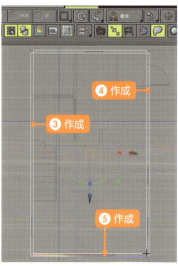

Lesson 02 ■ 建物をモデリングする

07 コントロールポイントを編集する

[形状編集] モードに切り替えます❶。コーナーが留形になるように、[ブラウザ] から壁の「閉じた線形状」を1つずつ選択し、コントロールポイントを調整します❷〜❹。

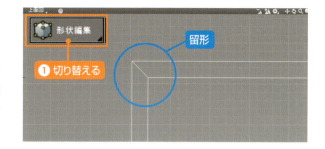

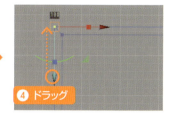

08 すべてのコーナーを留形にする

すべてのコーナーが「留形」に編集できたら❶〜❸、[オブジェクトモード] に切り替えます❹。

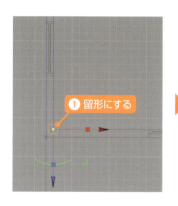

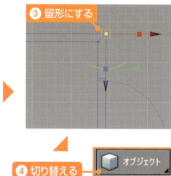

09 壁パートにまとめる

[ブラウザ] から4つの壁を選択し❶、「基礎」のパートを作成した手順と同様に形状を「壁」パートにまとめます❷。

201

10 壁を掃引する

壁の高さを設定します。

［壁］パートを選択したまま❶、ツールボックスの［作成］→［掃引体］ を選択し❷、［正面図］で上方向にドラッグします❸。4つの壁を一度に掃引します。

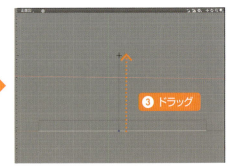

11 壁の高さを確認する

壁の高さを設定します。
サイズは図のようになるように、設定します。

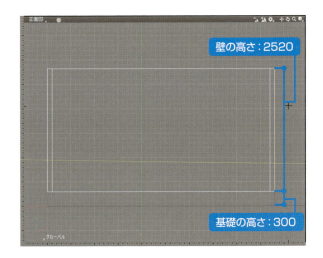

12 壁の高さを設定する

壁の高さを設定します。
「壁」パートの中の形状のみ選択します❶。統合パレットの［形状情報］→［掃引］を「Y=2520」にします❷。次に［位置］を「Y=1560」にし❸、基礎の上に乗る位置に設定します。

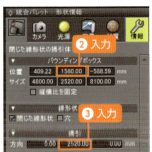

Point 数値を計算式で設定できる

Yの位置は基礎の上に配置されるよう以下のように算出しています。計算式をそのまま入力して設定することも可能です。
2520/2 + 300=1560（壁高さ÷2 ＋基礎高）

202

Lesson 02 ■ 建物をモデリングする

13 壁をパートに分けて分類する

それぞれの壁を方位でパート分けします。
「壁」パートの中に「東壁」「西壁」「南壁」「北壁」パートを作成し❶、各壁を整理します（順不同でかまいません）❷。

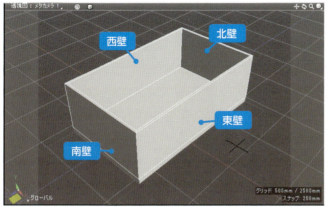
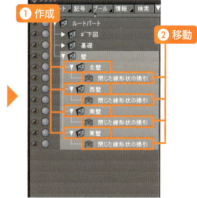

STEP 02 ▶ 壁を変形する

01 北壁の高さを変更する

北壁の高さを変更します。
[ブラウザ]から「北壁」パート内の「閉じた線形状の掃引体」を選択し❶、[形状情報]の[掃引]を「Y=5700」にします❷。

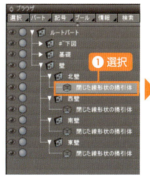

02 東西の壁を変形する

「西壁」と「東壁」は南側と北側の高さの違う壁に揃えるため、傾斜のある形に変形します。

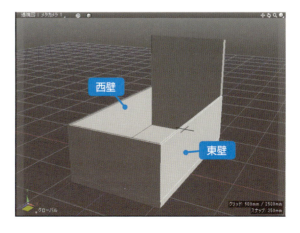

203

03 東西の壁をポリゴンメッシュに変換する

東西の壁の「閉じた線形状の掃引体」を Ctrl （Mac は command ）キーを押しながら選択し❶、ツールパラメータの［ポリゴンメッシュに変換］をクリックします❷。

04 ポリゴンメッシュを設定する

［ポリゴンメッシュに変換］ウインドウが表示されるので、［曲面の分割］を「分割しない」にし❶、［OK］ボタンをクリックします❷。
［ブラウザ］の東西の壁が「ポリゴンメッシュ」に変換されたことを確認します❸。

05 ポリゴンの稜線を選択する

ポリゴンメッシュの稜線を移動して壁を変形します。
［形状編集］モードに切り替え❶、［稜線］を選択します❷。

■ **Hint　［稜線］が選択できない場合**

コントロールバーの［稜線］が選択できない場合は、［ブラウザ］で「ポリゴンメッシュ」を選択しなおしてみましょう。

204

06 ポリゴンの稜線を選択する

［透視図］で東壁の移動させる稜線を選択します❶。

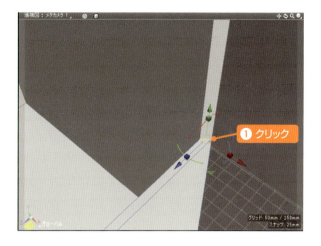

07 稜線を移動する

マニピュレータのY方向の［移動］で北壁の高さまで稜線を移動します❶。

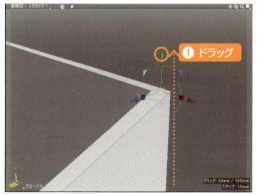

［透視図］での表示　　　　　　　　　　　　　　　［正面図］での表示

08 壁の変形が完了する

同様に西壁を変形し、［オブジェクト］モードに戻ります。

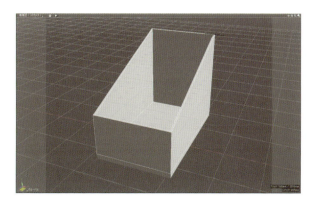

STEP 03 ▶ 間仕切り壁を作成する

建物の内部に間仕切り壁を作成していきます。ここではわかりやすいように色分けしていますが、赤い壁は［直方体］■で作成し、黄色い壁は「閉じた線形状」を［掃引体］■にして作成します。各壁の高さは次の通りです。

壁	高さ
階段下の壁❶	1900
間仕切り壁❷～❹	2500
下り壁❺	750
腰壁❻	1050

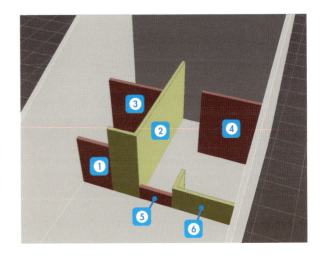

01 直型の壁を作成する

直型の壁は直方体で作成します。［ブラウザ］の「ルートパート」を選択します。ツールボックスの［作成］→［直方体］■をクリックし❶、［上面図］で下図の壁をトレースします❷。

■ **Point** オブジェクトガイドを有効にする

コントロールバーの［オブジェクトガイド］ボタン■をクリックし、有効にするとトレースしやすくなります（p.199 参照）。

02 壁の高さを設定する

ツールパラメータの［高さ］に壁の高さ「1900」を入力し❶、［確定］ボタンをクリックします❷。

［透視図］での表示

03 L型の壁を作成する

L型の壁は線形状を掃引体にします。
ツールボックスの［閉じた線形状］をクリックし①、［上面図］で壁の下図をクリックしながらトレースします②〜⑧。

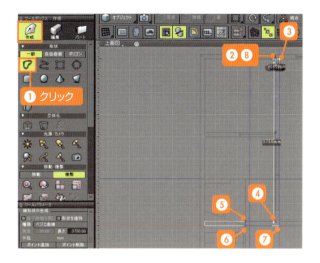

04 壁の高さを設定する

ツールボックスの［作成］→［掃引体］をクリックし①、［正面図］で上方向にドラッグします②。統合パレットの［形状情報］→［掃引］→［Y方向］に壁の高さ「2500」を入力します③。

  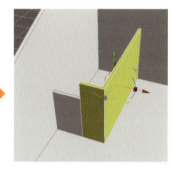

［透視図］での表示

05 残りの間仕切り壁を作成する

残りの壁も同じように作成しましょう。

壁	形状	高さ
間仕切り壁 ①②	直方体	2500
下り壁 ③		750
腰壁 ④	掃引体	1050

Point 次の形状を作成する場合の注意

同じ形状で複数の壁を作成する場合、確定しないまま次の壁を作成すると、直前の形状が崩れてしまいます。[Enter]（Macは[return]）キーを押して確定してから、作成するようにしましょう。

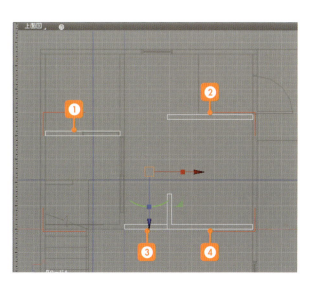

STEP 04 ▸ 下がり壁の位置を調整する

01 移動する下り壁を選択する

下り壁を上に移動します。
該当する壁を［ブラウザ］から選択します❶。ツールボックスの［作成］→［移動］→［数値入力］■を
クリックし❷、画面上をクリックします❸。

02 移動距離を入力する

表示された［トランスフォーメーション］
ダイアログボックスに以前の数値設
定が残っている場合は、［復帰］ボ
タンで数値をクリアにし❶、［直線移
動］の［Y］に「2500 − 750」
と計算式を入れ❷、［OK］ボタンを
クリックします❸。

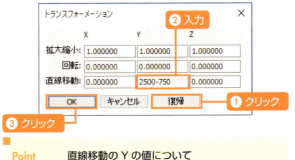

Point　直線移動のYの値について

［直線移動］のYの計算式は、「壁の高さ」−「下り壁の高さ」を
入力しています。

03 下り壁が移動する

［透視図］を確認すると、L字の壁
の上に揃うように移動します。

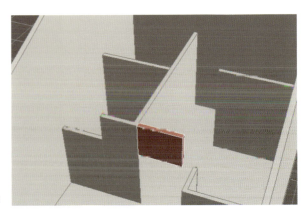

ここではわかりやすいように色をつけている

208

Lesson 02 ■ 建物をモデリングする

STEP 05 ▶ 腰壁から下がり壁を作成する

01 複製する腰壁を選択する

L字の腰壁を複製移動し、その上の下り壁にします。
腰壁を［ブラウザ］から選択します❶。ツールボックスの［作成］→［複製］→［数値入力］をクリックし❷、画面上をクリックします❸。

02 腰壁を複製する

［トランスフォーメーション］ダイアログボックスが表示されたら、［直線移動］は「Y=1750」のまま❶、［OK］ボタンをクリックします❷。

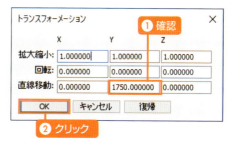

03 下り壁の高さを変更する

複製移動で作成した下り壁の高さを修正します。統合パレットの［形状情報］→［掃引］→［Y］を「750」にします❶。左の下り壁と高さが揃いました❷。

04 パートにまとめる

間仕切り壁をすべて1つのパートにまとめます。

[ブラウザ]のすべての間仕切り壁を選択し❶、Ctrl（Macは option ）キーを押したままツールボックスの[パート]→[パート]をクリックします❷。作成したパートの名前を「間仕切り壁」に変更します❸。

05 間仕切り壁を移動する

間仕切り壁が基礎の上に乗るように移動します。

「間仕切り壁」パートを選択し❶、ツールボックスの[作成]→[移動]→[数値入力]　をクリックします❷。画面上をクリックし❸、表示した[トランスフォーメーション]ダイアログボックスの[直線移動]を「Y=300」にし❹、[OK]ボタンをクリックします❺。

1階の間仕切り壁の完成です。

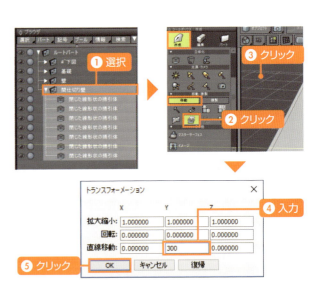

COLUMN　モデリングライトの切り替え

[透視図]上の表示を陰影の少ないモデリングに適した光源表示に切り替えることができます。

[表示切り替え]ポップアップメニュー❶→[モデリングライト]をクリックして有効にし❷、再度[表示切り替え]ポップアップメニュー→[モデリングタイプ]から好みのタイプを選択します❷。

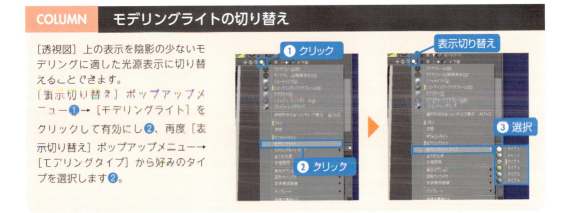

Lesson 02 ■ 建物をモデリングする

STEP 06　1階の床を作成する

01　スナップする対象を選択する

床を作成する前に、下図のみにスナップするようにスナップ対象を設定します。
［ブラウザ］の「#〜下図」を選択します❶。コントロールバーの［オブジェクトガイド］ボタンがオンになっていることを確認し❷、［表示］メニュー→［スナップ設定］の順にクリックします❸。

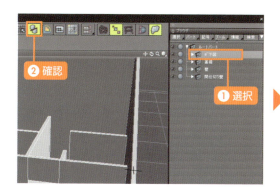

02　スナップする対象を設定する

［スナップ設定］ウインドウが表示されるので、［対象］の［選択形状のみ］をクリックし❶、スナップ対象を下図に設定します❷。

03　床を作成する

下図にスナップしながら床を作成します（手順はSTEP2「間仕切り壁を作成する」参照）。

床	形状	高さ
床❶❷	直方体	100
床❸		10
床❹	掃引体	100

作成したら、床を1つのパートにまとめます❺。

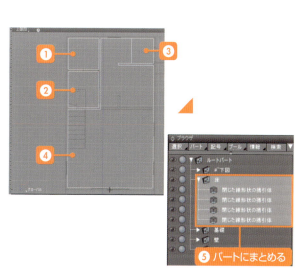

211

04 床を移動する

床を基礎の上に乗るように移動します。

「床」パートを選択し❶、ツールボックスの［作成］→［移動］→［数値入力］をクリックします❷。画面上をクリックし❸、表示した［トランスフォーメーション］ダイアログボックスの［直線移動］を「Y=300」にし❹、［OK］ボタンをクリックします❺。

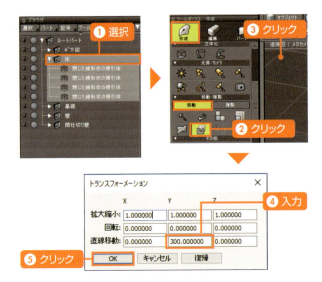

05 1階の床が完成する

1階の床の完成です（図は基礎と床のみ表示）。

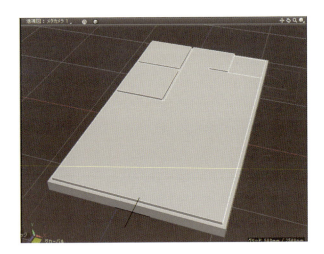

STEP 07　2階の床を作成する

01 2階の床の形状を作成する

［上面図］で2階の床面を［閉じた線形状］で❶、作成します❷。

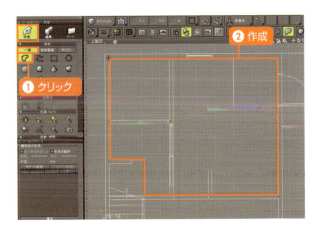

Lesson 02 ■ 建物をモデリングする

02　2階の床を掃引する

ツールボックスの［作成］→［掃引体］■を選択し❶、作成した2階の床面を［正面図］で上方向にドラッグします❷。統合パレットの［形状情報］→［掃引］を「Y=400」にし❸、厚みをつけます。

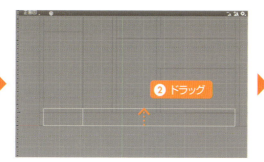

03　2階床の高さを設定する

2階の高さに床を移動します。
ツールボックスの［作成］→［移動］→［数値入力］■をクリックします❶。画面上をクリックし❷、表示した［トランスフォーメーション］ダイアログボックスの「直線移動」を「Y=2800」にし❸、［OK］ボタンをクリックします❹。
2階の床の完成です。

04　パートを整理する

床のパートを整理します。
「床」パートの中の形状は「1階」パートを作成して中にまとめます❶。2階床の形状を「2階」パートを作成して中に入れます❷。「2階」パートを「床」パートの中に移動します❸。

213

STEP 08 ▸ 手摺壁を作成する

01 2階手摺壁を作成する

［上面図］で2階の手摺壁を［閉じた線形状］ で❶、作成します❷。下図がない部分は適当な形状で作成し、あとから修正します。

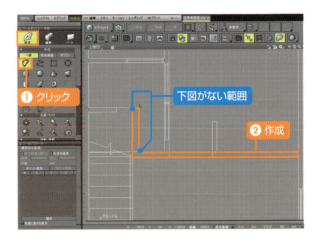

02 メジャーツールを設定する

補助線を作成して手摺の形状を修正します。
コントロールバーの［メジャーツール］をクリックします❶。スナップしながら左上の位置でクリックし❷、右方向にカーソルを動かして表示された距離が「100mm」辺りのところでクリックします❸。そのまま下に真っ直ぐカーソルを下げてクリックします❹。

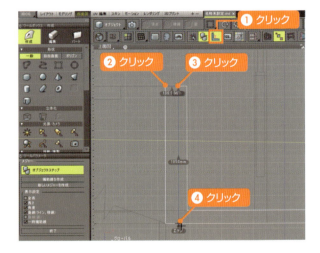

03 補助線を作成する

ツールパラメータの［補助線を作成］をクリックし❶、最後に［終了］をクリックします❷。縦と横に補助線が作成されました。

 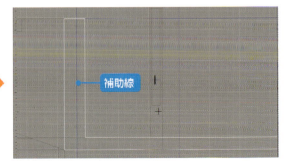

Lesson 02 ■ 建物をモデリングする

04 コントロールポイントを修正する

[形状編集] モードに切り替えて❶、コントロールポイントを補助線の位置に合わせて移動します❷❸。編集終了後は [オブジェクトモード] に切り替えます❹。

■ Point 補助線を削除する

図形ウインドウを右クリック（Mac は control ＋クリック）して表示されたメニューから [全ての補助線をクリア] を選択すると、補助線を削除することができます。

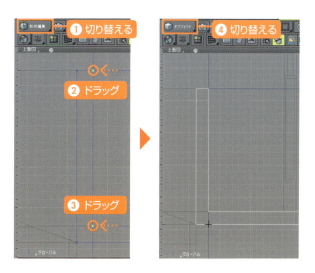

05 掃引体を作成する

手摺壁を立体にします。

ツールボックスの [作成] → [掃引体] ■を選択し❶、[正面図] で上にドラッグします❷。統合パレットの [形状情報] → [掃引] を「Y=1250」にします❸。

  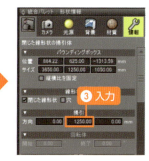

06 手摺壁を移動する

2 階の高さに移動します。

ツールボックスの [作成] → [移動] → [数値入力] ■をクリックします❶。画面上をクリックし❷、表示した [トランスフォーメーション] ダイアログボックスの [直線移動] を「Y=2800」にし❸、[OK] ボタンをクリックします❹。

「手摺壁」パートを作成して 2 階の手摺壁の完成です。

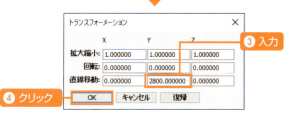

STEP 09 ▸ 屋根を作成する

01 テンプレートを調整する

右面図に読み込んだテンプレートを作成した形状に合うように調整します（操作方法はLesson01 STEP04「画像ファイルを読み込む」を参照）。

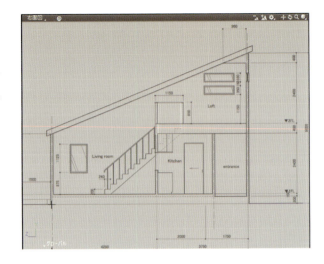

02 座標を設定する

［上面図］で屋根形状を作成する位置（西側の外側）で Ctrl （Mac は Option ）キーを押しながら、クリックします❶。

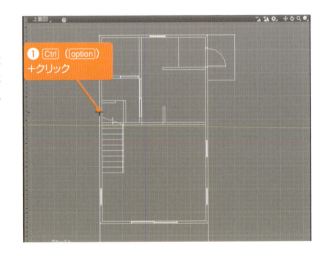

03 屋根をトレースする

ルートパートを選択し❶、右面図でテンプレートに沿って［閉じた線形状］で❷、屋根形状をトレースします❸。

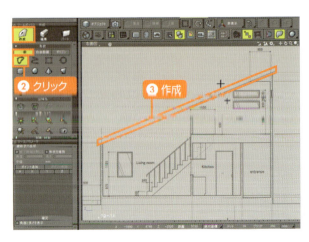

Lesson 02 ■ 建物をモデリングする

04 屋根を掃引して立体にする

ツールボックスの［作成］→［掃引体］■を選択し❶、［上面図］で東側の外壁に合わせてドラッグします❷。屋根の大きさを変更します。統合パレットの［形状情報］→［掃引］を「X=5200」にします❸。

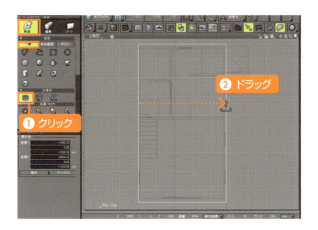

05 屋根の位置を修正する

屋根の位置を移動します。
ツールボックスの［作成］→［移動］→［数値入力］■をクリックします❶。画面上をクリックし❷、表示した［トランスフォーメーション］ダイアログボックスの［復帰］ボタンをクリックしてから❸、［直線移動］を「X=－200」にし❹、［OK］ボタンをクリックします❺。

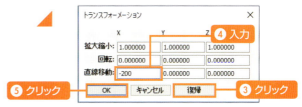

06 屋根が完成する

［屋根］パートの中に入れ❶、屋根の完成です。デッキやポーチは自分で作ってみましょう❷。

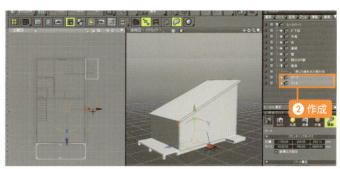

217

Part5 建物のモデリング

Lesson 03 建具をモデリングする：窓

USE TOOL

窓やドアを総称して建具といいます。
壁に穴を開ける「開口部」を作成し、その中に窓や扉のモデルを作成します。枠の形状は作成時間を短縮するため、簡略化した方法で作成します。

作例 掃出し窓（引き違い）

練習フォルダ：no folder　完成フォルダ：Part5-03F

外部に人が出入りできる大型の窓を「掃出し窓」といいます。
今回は左右から開けられる「引き違い窓」を作成します。モデルは「枠」「サッシ枠」「ガラス」で構成します。

完成見本

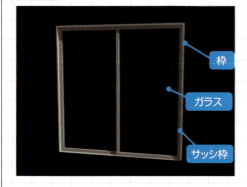

作成ポイント
- ブーリアン記号を使用する
- 自由曲面に厚みをつける
- 線形状を数値入力で作成する
- ガラスのテクスチャを読み込む

寸法

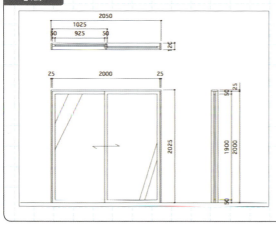

Lesson 03 ■ 建具をモデリングする：窓

STEP 01 ▸ 掃出し窓の開口部を作成する

01 開口部の形状を作成する

掃出し窓の開口部を作成します。この開口部は壁に穴を開けるための形状になります。
ツールボックスの［作成］→［直方体］■を選択し❶、［上面図］で直方体を作成します❷。

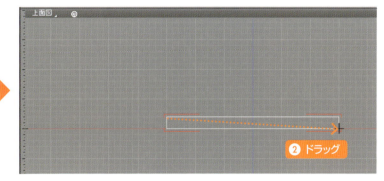

02 開口部を立体にする

ツールパラメータの［直方体の生成］
を以下のように設定します❶。

位置	X=0 ／ Y=0 ／ Z=0
サイズ	X=2050 ／ Z=120
高さ	2025

設定後、［確定］ボタンをクリックします❷。

［透視図］での表示

03 ブーリアン記号を設定する

壁に穴を空けるためのブーリアン記号を設定します。
［ブラウザ］の［記号］ボタンをクリックし❶、ポップアップメニューから「*（差）」をクリックします❷。形状名の前に記号がつきます❸。

219

04 枠を作成する

［開いた線形状］ で❶、［正面図］で開口部をなぞるように三方枠の形状を作成します❷〜❺。統合パレットの［形状情報］の［位置］を「X=0」「Y=1012.5」「Z=60」、［サイズ］を「X=2050」「Y=2025」にします❻。

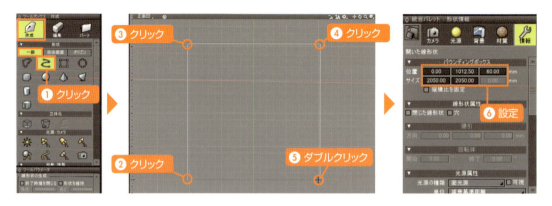

05 線形状を複製する

ツールボックスの［作成］→［複製］→［数値入力］ をクリックします❶。画面上をクリックし❷、［トランスフォーメーション］ダイアログボックスの［直線移動］を「Z=−120」にし❸、［OK］ボタンをクリックします❹。

06 自由曲面を作成する

［ブラウザ］の2つの「開いた線形状」を選択し❶、Ctrl（Macは option ）キーを押したまま、ツールボックスの［パート］→［自由曲面］をクリックします❷。形状が自由曲面になり、パートとしてまとめられました❸。形状が確認しやすいように、「* 閉じた線形状の掃引体」を非表示にします❹。

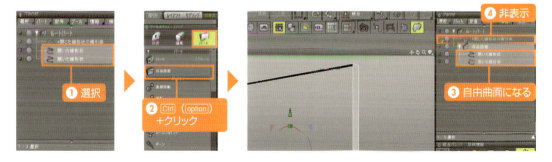

Lesson 03 ■ 建具をモデリングする：窓

07 自由曲面に厚みをつける

「自由曲面」パートを選択した状態で❶、ツールボックスの［編集］→［線形状］→［厚み］をクリックします❷。ツールパラメータの［距離］に「25mm」を入力します❸。［方向］を「内側」にし❹、［確定］をクリックします❺。

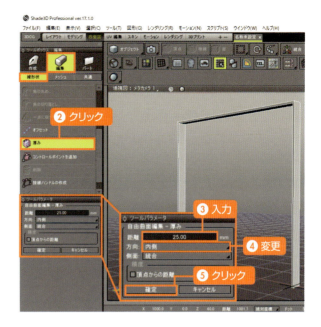

08 下枠を作成する

［ブラウザ］の「ルートパート」を選択してから、ツールボックスの［作成］→［長方形］を選択し❶、［上面図］に長方形を作成します❷。統合パレットの［形状情報］→［バウンディングボックス］→［位置］を「X=0」「Y=0」「Z=0」、［サイズ］を「X=2050」「Z=120」にします❸。

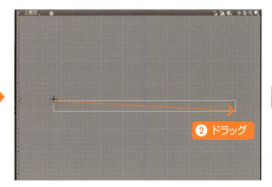

09 枠パートを作成する

「自由曲面」パートと「閉じた線形状」を新規パートにまとめ、「枠」という名前にします❶。

221

STEP 02 サッシを作成する

01 サッシ枠を作成する

ルートパートを選択して、ツールボックスの［作成］→［長方形］■を選択し❶、［正面図］で長方形を作成します❷。統合パレットの［形状情報］→［バウンディングボックス］→［位置］を「X=487.5」「Y=1000」「Z=0」、［サイズ］を「X=1025」「Z=2000」にします❸。

 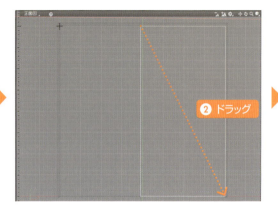 

02 自由曲面を作成する

「閉じた線形状」を複製します。ツールボックスの［作成］→［複製］→［数値移動］を選択し❶、画面をクリックします❷。［トランスフォーメーション］ダイアログボックスの［直線移動］を［Z=30］にし❸、［OK］ボタンをクリックします❹。「自由曲面」パートを作成し、2つの線形状を中に入れます❺。

 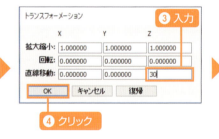 

03 自由曲面に厚みをつける

「自由曲面」パートを選択した状態で❶、ツールボックスの［編集］から［厚み］を選択します❷。

Lesson 03 ■ 建具をモデリングする：窓

04 厚みの距離を設定する

ツールパラメータの［距離］を「50mm」にして［方向］を［外側］にし❶、［確定］をクリックします❷。窓枠にサッシ枠が作成されます。

STEP 03 ガラスを作成する

01 ガラスを作成する

ルートパートを選択して、ツールボックスの［作成］→［長方形］を選択し❶、［正面図］で長方形を作成します❷。統合パレットの［形状情報］→［バウンディングボックス］→［位置］を「X=487.5」「Y=1000」「Z=15」、［サイズ］を「X=925」「Y=1900」にします❸。

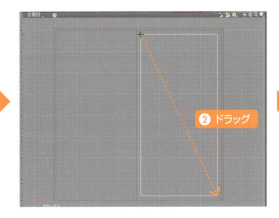

02 複製するサッシの形状を選択する

もう片方のサッシを回転コピーして作成します。

［ブラウザ］から枠となる「自由曲面」とガラスの「閉じた線形状」を選択します❶。

ツールボックスの［作成］→［複製］→［数値移動］を選択します❷。

03 サッシを複製する

［上面図］で回転軸になる「原点」をクリックします❶。
［トランスフォーメーション］ダイアログボックスで［復帰］をしてから❷、［回転］を「Y=180」にし❸、［OK］ボタンをクリックします❹。
「サッシ枠」パートと「ガラス」パートを作成し❺、該当するパーツをそれぞれに入れます❻。

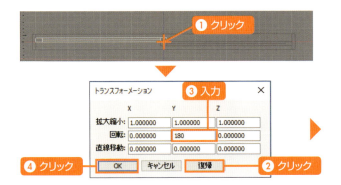
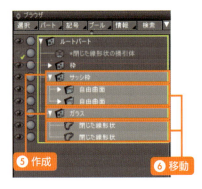

04 表面材質を設定する

「ガラス」のパートに統合パレットの［表面材質］でガラスの材質を設定します（Part4　Lesson03「質感を設定する」で作成したガラスのマスターサーフェスを読み込みます）。
統合パレットの［材質］→［読込］ボタンをクリックします❶。［開く］ダイアログボックスでガラスの材質を選択し❷、［開く］ボタンをクリックします❸。［表面材質］に読み込まれます。

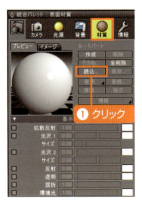
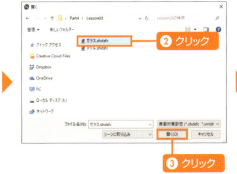

05 ［ブラウザ］を整理する

「ルートパート」を選択し、新規にパートを作成して名前を「掃出し窓」にします❶。［記号］ボタンをクリックし❷、ポップアップメニューから「＋（＊−の効果を打ち消す）」をクリックします❸。

224

Lesson 03 ■ 建具をモデリングする：窓

06 ［ブラウザ］を整理する

記号をつけた「掃出し窓」パートの中に「枠」「サッシ枠」「ガラス」のパートを入れます❶。

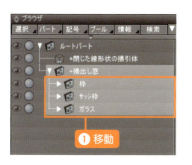
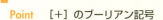
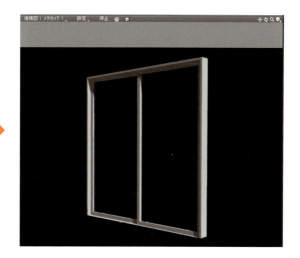

■ Point ［＋］のブーリアン記号

［＋］をつけると［＊］の影響を受けないため、レンダリングした際にきちんと表示されます。

07 カーソルを原点に設定する

カーソルを原点に設定します。コントロールバーの［数値入力により線形状を作成］ボタン 123.をクリックします❶。表示された［座標値の数値入力］ダイアログボックスで［相対座標］のチェックを外し❷、［位置］の「X」「Y」「Z」を「0」にします❸。［カーソル移動］ボタンをクリックし❹、［終了］ボタンをクリックします❺。

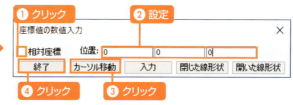

08 ファイルを保存する

図形ウインドウで、カーソルが原点に移動したかを確認します。
［透視図］のアングルを調整し、［レンダリング］メニュー→［レンダリング開始］をします。レンダリング終了後、ファイル名を「掃出し窓」にして保存します。

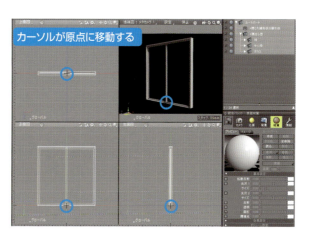

Part5 建物のモデリング

Lesson 04 建具をモデリングする：ドア

ここでは、ハンドルのついた片開きドアを作成します。あとで建物に配置をするため、新規ファイルで作成します。開口部の作成、枠の作成、扉の作成の手順についてはLesson03「建具のモデリング：窓」を参照してください。

作例 ドア：片開き

練習フォルダ：no folder　完成フォルダ：Part5-04F

片開きのドアを作成します。形状は「枠」「扉」「ハンドル」のモデルで構成しています。

完成見本

作成ポイント
- ブーリアン記号を使用する
- 自由曲面に厚みをつける
- 線形状を数値入力で作成する
- 記憶・掃引でハンドルを作成する
- メタルのテクスチャを読み込む

寸法

Lesson 04 ■ 建具をモデリングする：ドア

STEP 01 ▸ ドアの枠を作成する

01 開口部の形状を作成する

ドアの開口部を作成します。
ツールボックスの［作成］→［直方体］■を選択し❶、［上面図］で直方体を作成します❷。

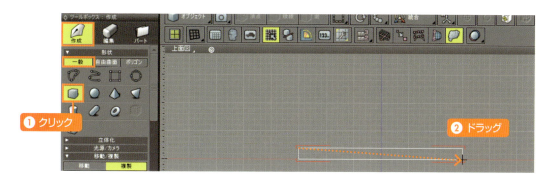

02 開口部を立体にする

ツールパラメータの［直方体の生成］
を以下のように設定します❶。

位置	X=0 ／ Y=0 ／ Z=0
サイズ	X=900 ／ Z=120
高さ	2025

設定後、［確定］ボタンをクリックします❷。
［ブラウザ］で壁に穴を空けるため、
［記号］ボタンをクリックし❸、ポップ
アップメニューから「＊（差）」をクリッ
クします❹。

03 開口部を確認する

［透視図］で確認します。図は［透
視図］のレンダリング設定を「シェー
ディング＋ワイヤーフレーム」にしてい
ます。

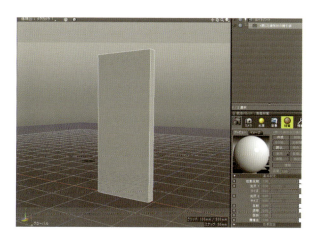

227

04 三方枠を作成する

[開いた線形状] で❶、[正面図]で開口部をなぞるようにして三方枠の形状を作成します❷〜❺。

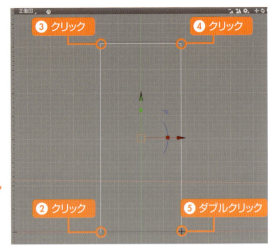

05 三方枠のサイズと位置を指定する

統合パレットの[形状情報]の[位置]を「X=0」「Y=1012.5」「Z=60」❶、[サイズ]を「X=900」「Y=2025」にします❷。
作成後、先に作成した開口部の「閉じた線形状」を非表示にします❸。

06 複製して三方枠にする

ツールボックスの[作成]→[複製]→[数値移動]を選択し❶、画面をクリックします❷。[トランスフォーメーション]ダイアログボックスの[直線移動]を「Z=−120」にし❸、[OK]ボタンをクリックします❹。

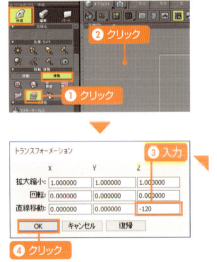 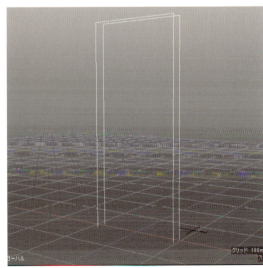

Lesson 04 ■ 建具をモデリングする：ドア

07 三方枠を自由曲面にする

［ブラウザ］で2つの「開いた線形状」を選択します❶。Ctrl（Macはoption）キーを押したままツールボックスの［パート］→［自由曲面］をクリックし❷、「自由曲面」パートに入れます。

08 自由曲面に厚みをつける

ツールボックスの［編集］→［厚み］を選択します❶。
ツールパラメータの［距離］を「25mm」にして［方向］を［内側］にし❷、［確定］をクリックします❸。
「開いた線形状」が「閉じた線形状」になり、内側に厚みができました。

09 下枠を作成する

下枠を長方形で作成します。ツールボックスの［作成］→［長方形］■を選択し❶、［上面図］で形状を作成します❷。統合パレットの［形状情報］→［バウンディングボックス］→［位置］を「X=0」「Y=0」「Z=0」、［サイズ］を「X=900」「Z=120」にします❸。

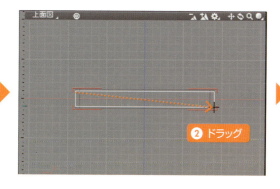

229

10 枠をまとめる

「枠」という名前の新規パートを作成し❶、「自由曲面」と「閉じた線形状」を一緒に中に入れます❷。

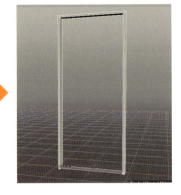

STEP 02 ▸ 扉を作成する

01 扉を作成する

「ルートパート」を選択し❶、ツールボックスの［作成］→［直方体］を選択し❷、［上面図］で直方体を作成します❸。

02 扉を立体にする

ツールパラメータの［直方体の生成］を以下のように設定します❶。

位置	X=0 / Y=0 / Z=0
サイズ	X=850 / Z=35
高さ	2000

設定後、［確定］ボタンをクリックします❷。

230

Lesson 04 ■ 建具をモデリングする：ドア

03 扉パートを作成する

新規に「扉」パートを作成し、その中に扉の形状を入れます❶。

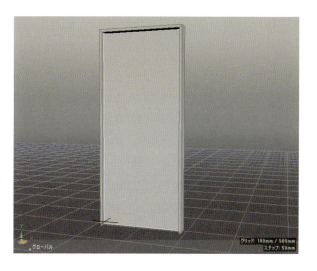

STEP 03 ドアのハンドルを作成する

01 ハンドルのベースを作成する

ツールボックスの［作成］→［円柱］ を選択します❶。［正面図］で円柱を作成します❷。

02 ベースの大きさを設定する

ツールパラメータの［円柱の生成］を以下のように設定します❶。

位置	X=425 / Y=0 / Z=17.5
半径	25
高さ	5

設定後、［確定］ボタンをクリックします❷。

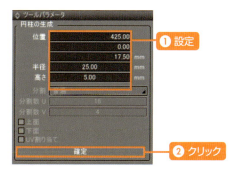

231

04 パスを作成する

レバーハンドルを「記憶」と「掃引」で作成します。
[上面図]と[正面図]のパス形状を作成するベース部の中央部を Ctrl （Macは option ）キーを押しながらクリックします❶。

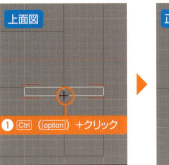

05 パスの数値を入力する

コントロールバーの[数値入力により線形状を作成]ボタン をクリックします❶。
表示された[座標値の数値入力]ダイアログボックスで[位置]のXYZの値を「0」のまま❷、[開いた線形状]をクリックし❸、[入力]をクリックします❹。

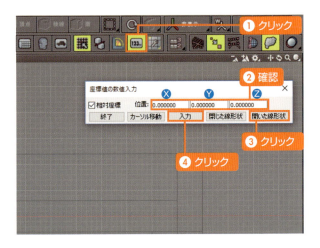

06 ハンドルの形にする

[Z]を「50」にして[入力]をクリックします❶❷。[X]を「－120」にして[入力]をクリックします❸❹。最後に[終了]をクリックし❺、ダイアログボックスを閉じます。 Enter （Macは return ）キーを押して形状作成を終了します❻。

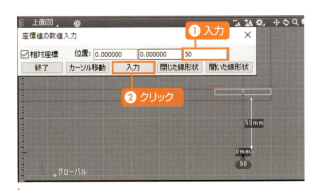

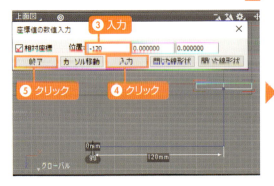
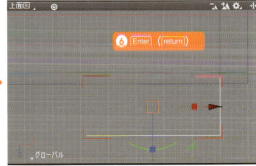

232

07 パスの角を丸める

ツールボックスの［編集］→［角の丸め］を選択します❶。ツールパラメータの［半径＝20］にし❷、［確定］をクリックします❸。角が丸くなり、ハンドルの形になりました。

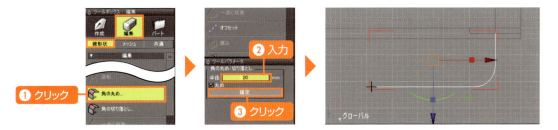

08 断面形状を作成する

レバーハンドルの断面形状を作成します。

ツールボックスの［作成］→［円］ ■をクリックし❶、［正面図］でドラッグします❷。ツールパラメータの［円の生成］→［半径］を「10」にし❸、「確定」ボタンをクリックします❹。ツールパラメータの［線形状に変換］をクリックします❺。

■ **Point　線形状に変換する**

［円］で作成した形状のままでは掃引ができないため、線形状に変換します。

09 ハンドルの形状を記憶する

［ブラウザ］でパスの「開いた線形状」を選択します❶。ツールパラメータの［記憶］ボタンをクリックします❷。

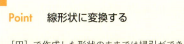
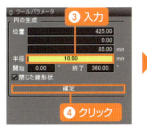

10 ［形状整列］を表示する

［ブラウザ］で断面の「閉じた線形状」を選択します❶。
［表示］メニュー→［形状整列］の順にクリックします❷。

11 ハンドルを掃引する

［形状整列］ダイアログボックスの「記憶した線形状に形状配置」の ZX が中心、Y が「0.5」の座標値を確認して［更新］ボタンをクリックし❶、パスの中心に円の中心を揃えます。ツールパラメータの［掃引］ボタンをクリックします❷。丸みのあるハンドルが作成されました。

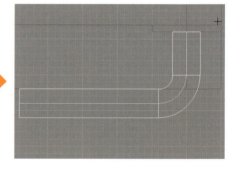

12 ハンドルを移動する

パスとして記憶した「開いた線形状」は削除し、ベースの「円の掃引体」とレバーハンドル「自由曲面」を新規に作成したパートに「ハンドル」という名前でまとめます❶。
ツールボックスの［作成］→［移動］→［数値入力］をクリックし❷、画面上をクリックします❸。［トランスフォーメーション］ダイアログボックスの［復帰］をクリックし❹、「直線移動」を「X=－50」「Y=900」にし❺、［OK］ボタンをクリックします❻。
ハンドルが上に移動します。

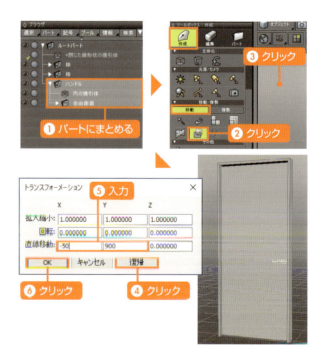

234

Lesson 04 ■ 建具をモデリングする：ドア

13 ハンドルをコピーする

ツールボックスの［作成］→［複製］
→［数値入力］■をクリックします❶。
［上面図］でハンドルの反転軸（ド
アの中央部）をクリックします❷。

14 反転コピーする

［トランスフォーメーション］ダイアログボックスで［復帰］してから❶、［拡大縮小］を「Z=−1」にし❷、［OK］
ボタンをクリックします❸。ハンドルがもう片方に反転コピーされます。

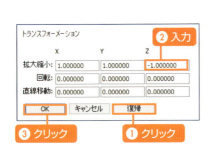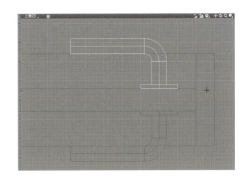

15 ［ブラウザ］を整理する

［ブラウザ］を整理します。
「枠」「扉」「ハンドル」×2のパートを「片開き」パートにまとめ❶、ブーリアン記号［＋］を設定します。
ハンドルに「メタル」のテクスチャを設定し（p.155参照）❷、カーソルを原点に設定します（p.225参照）。
透視図のアングルを調整し、［レンダリング］メニュー→［レンダリング開始］をします。ファイル名を「ドア」
にして保存します。

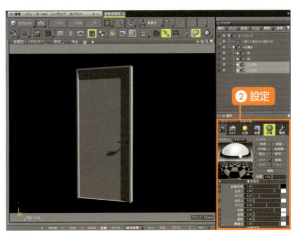

235

Part5 建物のモデリング

Lesson 05 階段をモデリングする

USE TOOL

ロフトに上がる階段を作成します。
踏板の数が多くてもコピー数を指定することができるので効率よく作成することができます。ここではシンプルなデザインの階段を作成しますが、手摺の形状など自由にデザインしてみましょう。

作例 直線階段

練習フォルダ：no folder　完成フォルダ：Part5-05F

今回作成する階段は、「踏板」「側桁」「手摺」「手摺子」一部「蹴込板」で構成される直線階段です。階段の幅は950mmで作成します。足が乗る水平な面を「踏面（ふみづら）」といい、踏板から次の踏板の高さを「蹴上（けあげ）」といいます。

完成見本

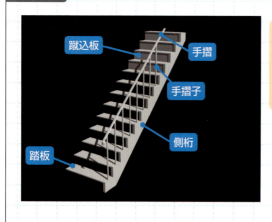

作成ポイント
- コピーの繰り返し回数を指定する
- 座標を指定してから形状を作成する
- 自由曲面にふたをする

寸法

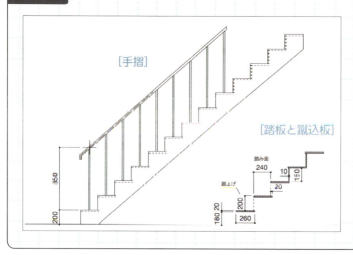

Lesson 05 ■ 階段をモデリングする

STEP 01 ▶ 踏板を作成する

01 踏板を作成する

1段目の踏板を作成します。
[上面図]にツールボックスの[作成]
→[直方体] ■ でベースの形状を
作成します❶❷。
ツールパラメータの[直方体の生成]
を以下のように設定します❸。

位置	X=475 ／ Y=0 ／ Z=－130
サイズ	X=950 ／ Z=260
高さ	20

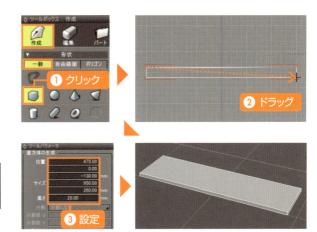

02 踏板を移動する

ツールボックスの[作成]→[移動]
→[数値入力] ■ を選択し❶、画
面をクリックします❷。[トランスフォー
メーション]ダイアログボックスの[直
線移動]を「Y=180」にし❸、[OK]
ボタンをクリックします❹。
踏板の上部で200mmの高さになり
ます。

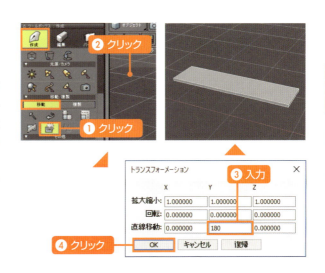

03 踏板をコピーする

2段目の踏板を作成します。
ツールボックスの[作成]→[複製]
→[数値入力] ■ を選択し❶、画
面をクリックします❷。[トランスフォー
メーション]ダイアログボックスの[直
線移動]を「Y=200」「Z=－
240」にし❸、[OK]ボタンをクリッ
クします❹。

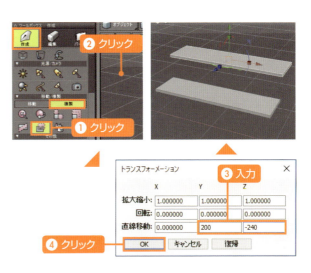

237

04 コピーを繰り返す

同じ移動距離で残りの踏板を作成します。

コントロールバーの[移動または複製の繰り返し]ボタン🖌をクリックし❶、[...]を選択します❷。[繰り返し]ダイアログボックスの[回数]を「11」にし❸、[OK]ボタンをクリックします❹。

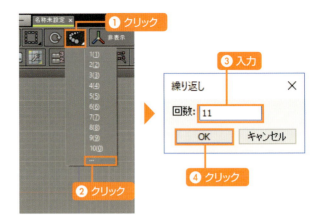

05 パートにまとめる

踏板が11個作成され、13段になりました。
「踏板」という名前の新規パートを作成し❶、形状をすべて中に入れます❷。

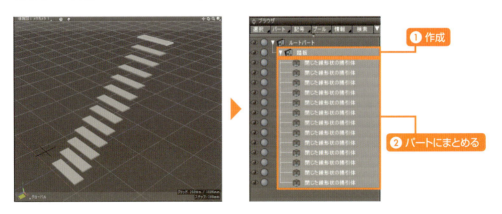

06 側桁の位置を指定する

側桁を作成します。

[上面図]で踏板の右に合わせて Ctrl（Macは option ）キーを押しながらクリックし❶、作成位置を指定します。

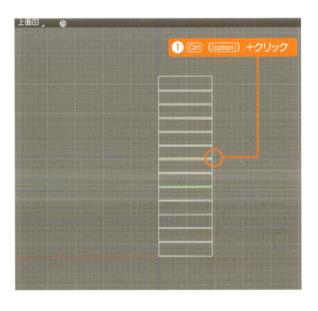

07 側桁を作成する

「ルートパート」を選択し、ツールボックスの［作成］→［閉じた線形状］を選択し①、［右面図］で踏板の形状に合わせてクリックしながら側桁の形状を作成します②。

Point　コントロールポイントで形状を整える

大体の形状で作成し、［形状編集］モードでコントロールポイントを調整して作成します。

08 側桁を掃引する

側桁に厚みをつけます。
ツールボックスの［作成］→［掃引体］をクリックし①、［正面図］で右にドラッグします②。
統合パレットの［形状情報］→［掃引］→［方向］を「X=50」にします③。

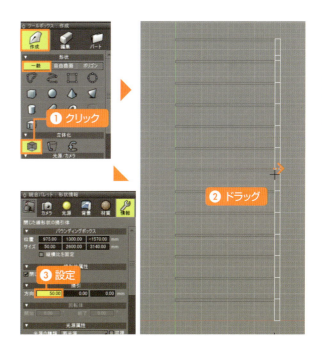

09 パートにまとめる

「側桁」という名前の新規パートを作成し①、形状を中に入れます②。

STEP 02 ▶ 手摺を作成する

01 手摺子の位置を指定する

手摺子を作成します。
[右面図] で踏板 1 段目の左角に合わせて Ctrl （Mac は option ）キーを押しながらクリックし❶、作成位置を指定します。

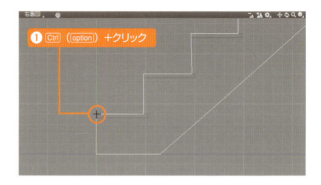

02 円を作成する

「ルートパート」を選択し、ツールボックスの [作成] → [円] をクリックし❶、[上面図] で踏板の右下の角をドラッグします❷。統合パレットの [円属性] → [半径] を「15」にします❸。

 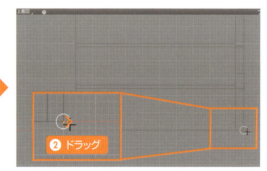 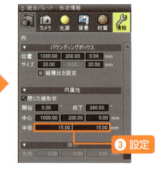

03 手摺子を掃引体にする

ツールボックスの [作成] → [掃引体] をクリックし❶、[正面図] で上にドラッグします❷。
統合パレットの [形状情報] → [掃引] → [方向] を「Y=850」にします❸。

 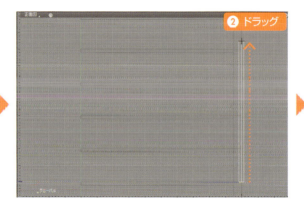 

Lesson 05 ■ 階段をモデリングする

04 位置を調整する

ツールボックスの［作成］→［移動］→［数値入力］を選択し❶、画面をクリックします❷。［トランスフォーメーション］の［復帰］をクリックします❸。［直線移動］を「X=−25」「Z=−120」にし❹、［OK］ボタンをクリックして形状を移動します❺。

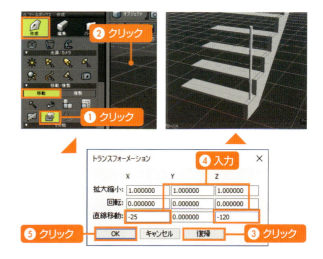

05 手摺子を移動コピーする

ツールボックスの［作成］→［複製］→［数値移動］を選択し❶、画面をクリックします❷。［トランスフォーメーション］の［復帰］をクリックします❸。［直線移動］を「Y=200」「Z=−240」にし❹、［OK］ボタンをクリックします❺。2本目が作成されます。

06 手摺子を連続コピーする

コントロールバーの［移動または複製の繰り返し］ボタンをクリックし❶、「6」を選択します❷。6本の手摺子がコピーされます。「手摺子」という名前の新規パートを作成し❸、形状をすべて中に入れます❹。

 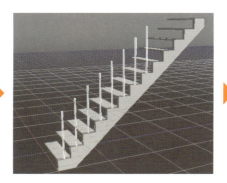 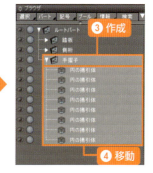

241

07 手摺のパスを作成する

手摺を記憶、掃引して作成します。はじめに手摺のパス形状を作成します。[上面図]で作成位置が手摺子の中心なるように[Ctrl]（Macは[option]）キーを押しながらクリックして指定します❶。
[開いた線形状]で❷、[右面図]で手摺のパス形状を1段目側からクリックして作成します❸〜❺。
1段目の手摺は垂直になるようにし、手摺子の上部を通る斜めのラインを10段目まで作成します。

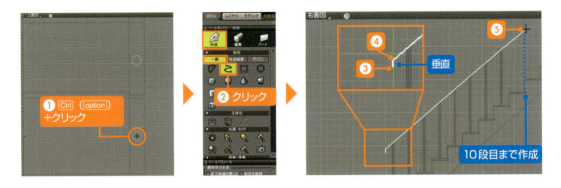

08 手摺の断面形状を作成する

手摺の断面形状を作成します。
[円]で❶、[上面図]に「半径=25mm」くらいの円を作成し❷、マニピュレーターの[軸拡大縮小]でドラッグして楕円にします❸。ツールパラメータの[線形状に変換]で楕円を線形状に変換し❹、編集できるようにします。

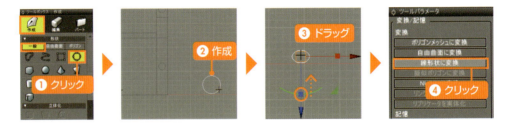

09 手摺の断面形状を変形する

[形状編集]モードで、コントロールポイントや接線ハンドルを編集し❶〜❹、好きな形の手摺形状を作成してみましょう。

Lesson 05 ■ 階段をモデリングする

10 手摺の断面形状を記憶する

手摺の断面を記録して掃引します。
［オブジェクト］モードで手摺のパス形状選択し❶、ツールパラメータの［記憶］をクリックします❷。次に断面形状を選択します❸。

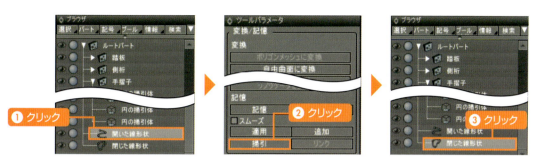

11 手摺の断面形状を整列する

［表示］メニュー→［形状整列］を選択し❶、表示されたダイアログボックスの［更新］ボタンをクリックます❷。断面の中心にパスの先端が揃います❸。

12 手摺の断面形状を掃引する

断面形状を選択したまま、ツールパラメータの［掃引］ボタンをクリックします❶。
パス形状に合わせて掃引され、手摺が作成されました。

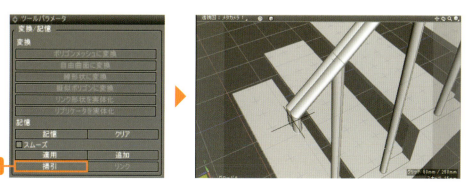

13 小口部分の形状を複製する

手摺の小口にふたを作成します。
小口部分に該当する線形状を［ブラウザ］で選択します❶。ツールボックスの［作成］→［複製］→［直線移動］ を選択し❷、画面をクリックします❸。見た目上は変化はありませんが、同位置に線形状が複製されます❹。

14 ふたを作成する

「自由曲面」の中の一番上の線形状を選択します❶。ツールボックスの［編集］→［一点に収束］ を選択し❷、ふたを作成します。「手摺」という名前の新規パートを作成し❸、中に［自由曲面］を入れます❹。パス用に作成した線形状は削除します。

STEP 03 ▸ 蹴込板を作成する

01 蹴込板の位置を指定する

上部4段のみ、蹴込板を作成します。［右面図］で上から2段目の踏板の後ろで Ctrl（Macは option）キーを押しながらクリックし❶、作成位置を指定します。

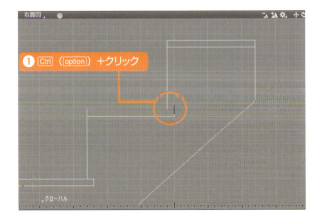

Lesson 05 ■ 階段をモデリングする

02 蹴込板の形状を作成する

［正面図］で踏板の上下の間に［直方体］■で❶、形状を作成します❷。ツールパラメータの［高さ］を「10」にし❸、［確定］ボタンをクリックします❹。

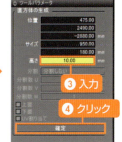

03 蹴込板を複製する

蹴込板を一段下に複製します。ツールボックスの［作成］→［複製］→［数値入力］■を選択し❶、画面をクリックします❷。［トランスフォーメーション］ダイアログボックスの［復帰］ボタンをクリックします❸。［直線移動］を「Y=－200」「Z=240」にし❹、［OK］ボタンをクリックします❺。

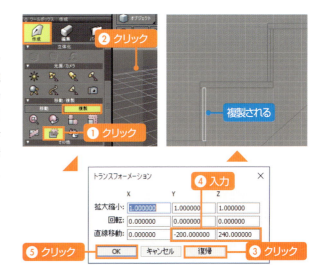

04 複製を繰り返す

コントロールバーの［移動または複製の繰り返し］ボタン■をクリックし❶、「2」を選択します❷。新規に「蹴込板」という名前のパートを作成し❸、形状を中に入れます❹。階段の完成です。
カーソルを「原点」に指定し、透視図のアングルを調整したら［レンダリング］メニュー→［レンダリング開始］をします。ファイル名を「階段」にして保存します。

245

Part5 建物のモデリング
Lesson 06 モデルを配置する

USE TOOL

Part4 Lesson4 で作成した Shade Explorer のオリジナルカタログに「掃出し窓」「ドア」「階段」パーツを追加し、建物に配置します。カタログからパーツを配置するほかに、CAD（ここでは Vectorworks を使用）で作成した 3D モデルの取り込みも行います。

作例 オリジナルパーツフォルダ
練習フォルダ：Part5-06　完成フォルダ：Part5-06F

ドアや窓の建具はブーリアン記号を設定しているため、レンダリング時に壁の開口が表現されるようになります。また、同じ形状の部品は色替えなどの編集がしやすいようにリンク形状を配置します。階段は Shade から形状をインポートして配置します。

完成見本

作成ポイント
- Shade Explorer から配置する
- 他の Shade3D ファイルや DXF ファイルを [インポート] する
- 同じ窓は [リンクコピー] で配置する
- プレビューレンダリングで建具を確認する

[DXF ファイル]

作成ポイント
- Vectorworks で作成した 3D モデルを DXF に取り出して配置します。Vectorworks と Shade では 3D モデルの形式が異なるため、モデルを [メッシュに変換] してから取り出すと Shade では [ポリゴンメッシュ] として取り込めます。Shade では DXF 形式の他にも SketchUp などのファイルを取り込むことができます。

Lesson 06 ■ モデルを配置する

STEP 01 オリジナルパーツをカタログに追加する

01 Shade Explorer を開く

Shade Explorerのオリジナルカタログに収録したパーツを建物に配置します。Lesson3〜4で作成した「掃出し窓」と「ドア」のパーツを［オリジナルパーツ］のカタログに追加します。
コントロールバーの［Shade Explorer］ボタン をクリックし ❶、カタログを表示します。

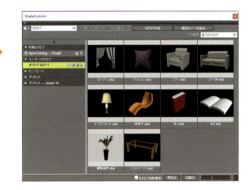

Point　カタログの登録と作成について

オリジナルカタログへの登録準備、およびカタログの作成方法は Part4　Lesson4 を参照してください。

02 カタログを更新する

「オリジナルパーツ」フォルダに「掃出し窓」と「ドア」のファイルを入れます ❶。その他、本書付属の「縦すべり窓」と「横すべり窓」を追加します ❷。その後、［Shade Explorer］の［更新］ボタン をクリックし ❸、表示されたダイアログボックスの［OK］ボタンをクリックし ❹、更新します。

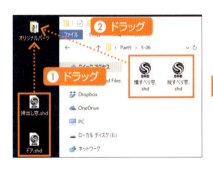

03 更新後を確認する

更新後、カタログに追加したパーツが表示されます。

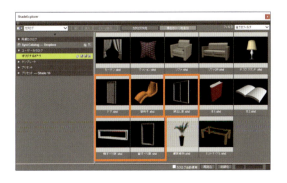

247

STEP 02 ▸ 掃出し窓を配置する

01 形状を配置する座標を指定する

Lesson01、02で作成した建物の南壁に掃出し窓を配置します。
［ブラウザ］から「南壁」パートの中にある「閉じた線形状」を選択します❶。［正面図］で床の高さに合わせて Ctrl （Mac は option ）キーを押しながらクリックします❷。

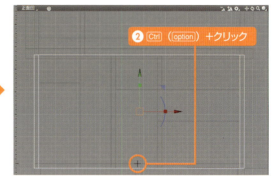

02 Shade Explorer からを配置する

Shade Explorer の「掃出し窓」を［上面図］にドラッグし❶、南壁の近くに配置します。

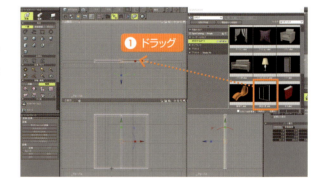

03 窓の位置を調整する

窓の位置を調整します。
［上面図］で、下図に合わせて「掃出し窓」を窓枠のちりが 10mm 出るように配置します❶。

Hint　調整の方法

ツールボックスの［作成］→［移動］→［直線移動］で壁の位置と枠の位置を揃えてから、［移動］→［数値入力］の［直線移動］の「Z」値を数値移動します。

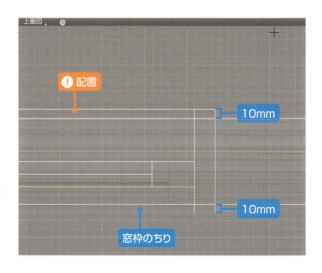

Lesson 06 ■ モデルを配置する

04 パートに名前をつける

「南壁」の中に Shade Explorer からドラッグして配置した掃出し窓が新しいパートとして作成されます。
パートに「1階掃出し窓」という名前をつけます❶。

STEP 03 縦すべり窓を配置する

01 縦すべり窓の高さを設定する

東の壁に縦すべり窓を配置します。先に縦すべり窓の床からの高さを[数値入力]で指定します。
コントロールバーの[数値入力により線形状を作成]ボタン をクリックします❶。

02 数値入力による高さを設定する

[座標値の数値入力]ダイアログボックスの[相対座標]のチェックを外し❶、位置を左から「X=0」「Y=400」「Z=0」と入力します❷。[カーソル移動]ボタンをクリックし❸、[入力]ボタンをクリックします❹。最後に[終了]ボタンをクリックします❺。

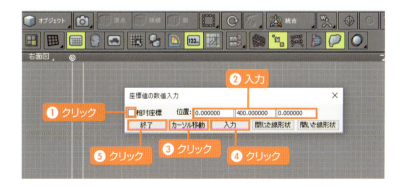

249

03 縦すべり窓を配置する

「東壁」パートに中にある［ポリゴンメッシュ］を選択し❶、［上面図］で「縦すべり窓」を Shade Explorer からドラッグして配置します❷。

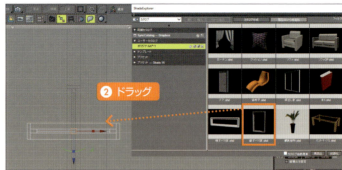

04 縦すべり窓を回転する

配置後、マニピュレータで形状を回転して向きを変えて❶、下図に合わせて窓枠のちりが 10mm 出るように位置を調整します❷。

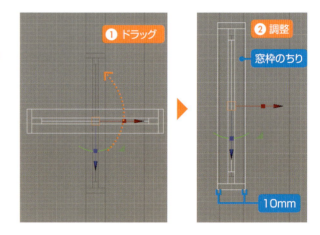

05 腰高を調整する

「縦すべり窓」は床から「875mm」上に配置されるように座標の設定がされています❶。
［ブラウザ］の「東壁」の中に配置して新しく作成されたパートに「1 階縦すべり窓」という名前をつけます❷。

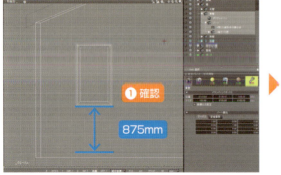

Lesson 06 ■ モデルを配置する

STEP 04 ▸ その他の窓を配置する

01 縦すべり窓をリンクでコピーする

東壁にもう1つ「縦すべり窓」を「リンク形状を作成」で配置します。
[ブラウザ]の「1階縦すべり窓」を選択した状態で、ツールボックスの[作成]→[複製]→[リンク]を選択し①、[上面図]でクリックします②。

02 リンクでコピーした縦すべり窓を調整する

同じ位置にコピーされるので、下図に合わせて位置を調整します①。
[ブラウザ]を確認すると②、リンクでコピーした「縦すべり窓」が追加されています。

03 1階の窓とドアを配置する

同様に、北壁、西壁にリンクの腰窓(縦すべり窓)を配置し①、東壁にはドアも配置します②。
それぞれの壁のパートに移動します③。

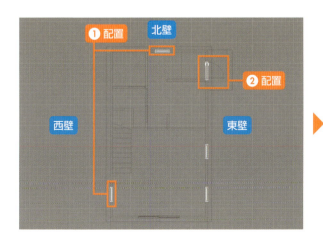
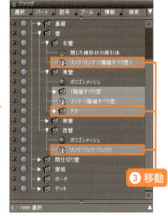

251

04 2階の窓を配置する

2階に「縦すべり窓」と「横すべり窓」を好きな場所に配置してみましょう。1つは新規で配置し、以降はリンク形状を配置します。

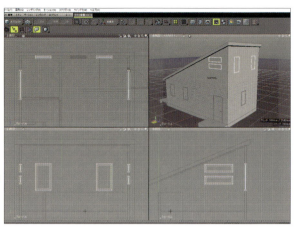

STEP 05 建具を確認する

01 プレビューレンダリングを実行する

プレビューレンダリングに切り替えて❶❷、建具が正しく配置されているか確認しましょう。

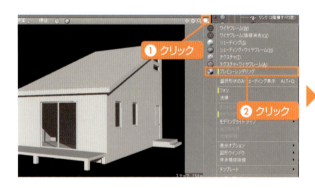

02 屋根を非表示にする

[ブラウザ]の「屋根」パートを非表示およびレンダリングをオフにして内部を確認します。

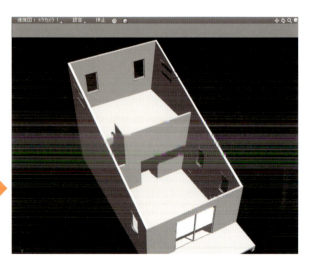

Lesson 06 ■ モデルを配置する

STEP 06 ▸ 階段パーツを配置する

01 階段を配置する位置を指定する

階段を配置する1階の床の高さと位置を指定します。［ブラウザ］のルートパートを選択し❶、［右面図］で1階の床の高さに合わせて Ctrl（Mac は option）キーを押しながらクリックします❷。［上面図］で階段を配置する部分でクリックします❸。

 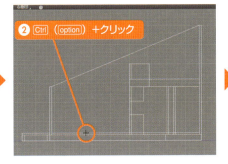 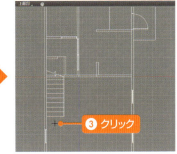

02 Shade3D ファイルを取り込む

階段を取り込みます。

［ファイル］メニュー→［インポート］→［形状データ］の順にクリックします❶。「階段」ファイルを選択します❷。［カーソル座標を基準として読み込み］を選択し❸、［開く］ボタンをクリックします❹。

03 配置を調整する

取り込んだ階段の配置を下図に合わせて［上面図］や［右面図］に切り替えながら調整します❶❷。新しくできたパートの名前を「階段」にします。

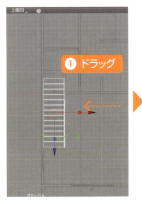 

253

STEP 07 ▸ DXF ファイルのパーツを配置する

01 DXF ファイルを取り込む

Shade Explore の家具以外に、CAD で作成した「キッチン」「ダイニングテーブル」「ダイニングチェア」の 3D モデル（DXF ファイル）を取り込み、室内に配置してみましょう。
［ファイル］メニュー→［インポート］→［DXF］の順にクリックします❶。DXF ファイルを選択し❷、［開く］ボタンをクリックします❸。［インポート］ダイアログボックスが開いたら、そのまま［OK］ボタンをクリックします❹。

  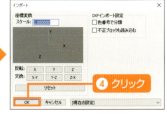

02 家具の位置を調整する

取り込んだパーツが配置されます。同様に、下図に合わせて配置を調整しましょう。

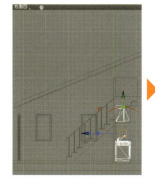 

03 家具を配置して完成させる

他の家具も配置します❶。家具パートを作成してまとめます❷。
テクスチャを設定しているファイルを取り込んだ場合、［マスターサーフェスパート］や［イメージパート］がそのまま取り込まれます❸。

Part

6

空間を仕上げる

Part6 では、これまで作成した建物に
背景をつけて完成させます。
配置した建物の背景の設定方法、
ライティングやカメラアングルを変えながら
レンダリングします。

Part6 空間を仕上げる

Lesson 01 外観のテクスチャを設定する

USE TOOL + no items

外観パースと内観パースでは、表現に必要なモデルの種類やテクスチャの種類が異なり、1つのデータのままで制作を進めると、ファイル容量が大きくなり、ブラウザの管理もやりづらくなるため、仕上げは外観パース用と内観パース用に分けて作成します。

作例 建物の外観

練習フォルダ：Part6-01　完成フォルダ：Part6-01F

ここでは、建物にテクスチャが設定されているファイルを使って、編集を練習します。
作例は屋根をスレート、外壁をタイル、ポーチをタイル貼りに設定しています。敷地や植栽は追加で作成します。ここでは各モデルに設定したテクスチャの編集のポイントを解説します。

完成見本

編集ポイント

- 窓：リンク元に設定したテクスチャが、リンク形状に自動的に反映する
- 屋根：テクスチャの貼り合わせて面を分けるように形状を編集する
- 外壁：実物のサイズに合うようにサイズを数値で設定する
- ポーチ：テクスチャの位置を調整して、タイルの貼り始めや目地合わせを設定する
- 敷地：形状を追加し、芝生など自然のテクスチャを設定する
- 植栽：大小の樹木の画像を取り込み、トリムマッピングで作成する

Lesson 01 ■ 外観のテクスチャを 設定する

STEP 01 ▶ レンダリングでテクスチャを確認する

01 レンダリングして確認する

ここからは［イメージウインドウ］でレンダリングの結果を見ながらテクスチャの仕上がりを確認します。［レンダリング］メニュー→［レンダリング開始］を選択すると❶、［イメージウインドウ］が開くと同時にレンダリングが始まります。

> **Point** プレビューレンダリングについて
>
> ［透視図］の［プレビューレンダリング］はテクスチャの結果をすぐに確認することができますが、操作の度にレンダリングされるため、作業がしづらくなりますので、ここでは使用しません。

02 リンク形状にテクスチャを設定する

リンク元の形状にテクスチャを設定すると、リンク形状すべてのテクスチャが同時に変わります。

使用テクスチャ サッシ枠

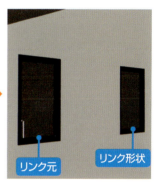

03 掃引体にテクスチャを設定する

掃引体で作成した屋根にテクスチャを設定すると、破風や鼻隠しも含めて屋根全体に同じテクスチャが貼られます。

使用テクスチャ 屋根材

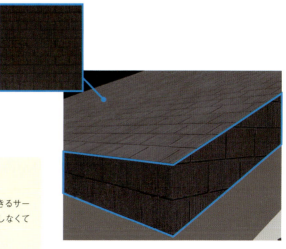

> **Point** テクスチャのダウンロードサービス
>
> ウェブサイト上でCGに使える商品画像がダウンロードできるサービスを行っているメーカーもあり、タイリング加工などをしなくても、そのままテクスチャに使用することができます。

257

STEP 02 ▸ 面に合わせてテクスチャを設定する

面ごとに異なる向きのテクスチャを設定したい場合は、線形状に変換してそれぞれの面に分解します。
掃引体の場合、直接線形状に変換ができないため、ポリゴンメッシュに変換してから線形状に変換します。

01 掃引体からポリゴンメッシュに変換する

ツールパラメータの［変換］→［ポリゴンメッシュに変換］をクリックします❶。
表示された［ポリゴンメッシュに変換］ダイアログボックスの［面の分割］を「分割しない」にし❷、［OK］ボタンをクリックします❸。

02 ポリゴンメッシュから線形状に変換する

続けてツールパラメータの［変換］→［線形状に変換］をクリックします❶。
個別の面で構成される形状になるため、面ごとにテクスチャを設定します❷。

使用テクスチャ 屋根破風

面ごとにテクスチャを設定する

03 テクスチャの数値を設定する

材料のサイズに合わせてイメージの数値を設定することができます。［表面材質］→［マッピング］→［位置＆サイズ］タブで［実寸］をチェックし❶、数値を入力します❷。バンプなど組み合わせている場合は、それらも同様に数値を設定します。

使用テクスチャ 外壁タイル

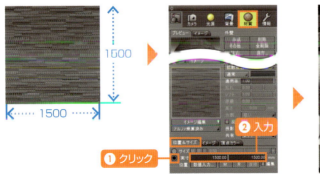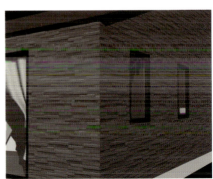

Lesson 01 ■ 外観のテクスチャを 設定する

04 テクスチャの位置を調整する

ポーチのタイルの貼り始め位置に合わせてテクスチャを調整します。［表面材質］→［マッピング］→［位置&サイズ］タブの［編集］をクリックし❶、チェックを入れます。テクスチャが各画面に表示され、該当する画面（ここでは［上面図］）にあるテクスチャの位置を移動します❷。

使用テクスチャ　ポーチタイル

05 テクスチャの位置が変更される

ポーチのサイズに合わせてテクスチャの位置を変更することで、テクスチャのズレを解消できます。

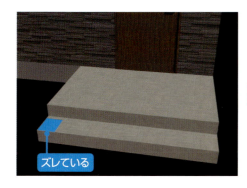
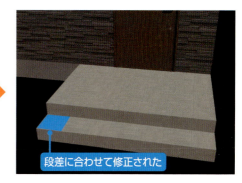

COLUMN　ポリゴンメッシュとは

多面体のモデルで、分割数の変更、頂点、稜線、面による編集で形状を作成します。

サブディビジョンサーフェスを行うと、ポリゴンメッシュを規則的に分割し、自動的に角を丸めることができます（サブディビジョンサーフェスの設定は、ツールボックスの［編集］→［メッシュ］にあります）。詳しくは、Part3 lesson07「ポリゴンメッシュのモデリングについて」をお読みください。

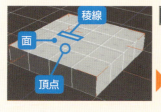

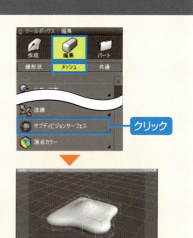

ポリゴンを編集する　　サブディビジョンサーフェス

259

STEP 03 ▶ 敷地を作成する

01 長方形を作成する

敷地を長方形で作成します。
［上面図］でツールボックスの［作成］→［長方形］■を選択し❶、建物が入るように長方形を作成します❷。

 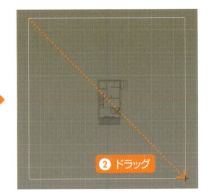

02 敷地のテクスチャを設定する

芝生のテクスチャを設定します。
統合パレットの［表面材質］→［読込］をクリックします❶。［開く］ダイアログボックスが表示されます。「オリジナルテクスチャ」フォルダのファイル（ここでは「敷地.shdsfc」）を選択し❷、［開く］ボタンをクリックします❸。テクスチャが読み込まれると同時に長方形にテクスチャが設定されます。

03 敷地のテクスチャを調整する

［基本設定］の項目を光沢が「0」になるように設定します❶。敷地に直接設定したテクスチャを「マスターサーフェス」にする場合は、「登録」ボタンをクリックします❷。

Lesson 01 ■ 外観のテクスチャを 設定する

STEP 04 ▸ 植栽を作成する

01 長方形を作成する

画像を使った植栽の添景を作成します。読み込む画像は背景が「透明」になっている Photoshop 形式の画像です。植栽の大きさに合わせて形状を作成します❶❷。

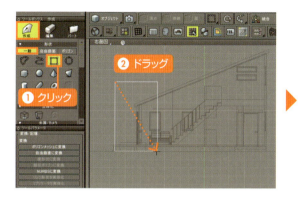

02 イメージを読み込む

統合パレットの［表面材質］→［マッピング］の［イメージ編集］をクリックし❶、ポップアップメニューから［読み込み］を選択します❷。

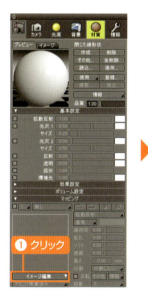

03 植栽のテクスチャを設定する

［開く］ダイアログボックスが表示されます。「オリジナルテクスチャ」フォルダのファイル（ここでは「植栽01.psd」）を選択し❶、［開く］ボタンをクリックします❷。

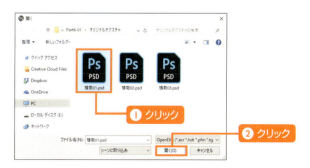

04 植栽の背景を透明にする

背景が透明な画像は、[チャンネル合成モードポップアップメニュー]をクリックし❶、[アルファ透明]にします❷。イメージの背景が透明になりました❸。

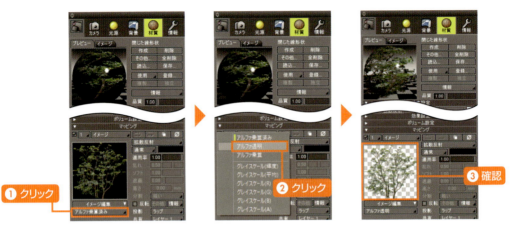

05 植栽の向きを調整する

アングルに合わせてマニピュレータで植栽の向きを調整します❶。同様にさまざまな大きさの植栽を作成します❷。

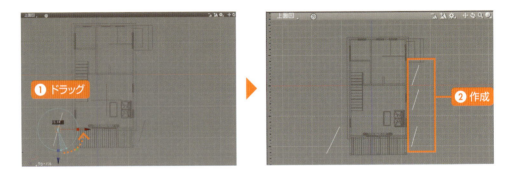

06 [イメージウインドウ]で確認する

[レンダリング]メニュー→[レンダリング開始]を選択して仕上がりを確認します。

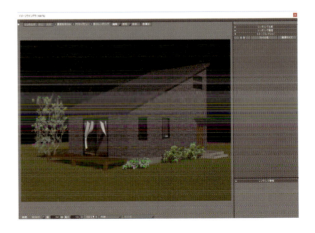

Part6 空間を仕上げる

Lesson 02 内観のテクスチャを設定する

USE TOOL

内観用に別ファイルを用意し、テクスチャを設定します。不要なデータは削除してもかまいません。好みのインテリアに仕上げてみましょう。

作例　建物の内観

練習フォルダ：Part6-02　　完成フォルダ：Part6-02F

作例は、床をフローリング、東側の壁は塗装仕上げとしてカラー設定しています。キッチン側の壁はタイル、キッチン腰壁は木目（画像）を設定し、ダイニングチェアとテーブルにはウォールナットの画像を設定しています。

完成見本

［内観］

作成・編集ポイント
- マスターサーフェスのテクスチャを設定する
- フロアスタンド：新規に作成して発光を設定する
- 階段：パートによるテクスチャ設定をする
- クッションやラグを作成して好きなテクスチャを設定する

［1階］

［2階］

263

STEP 01 ▸ インテリアのテクスチャを設定する

01 フロアスタンドの形状を作成する

フロアスタンドを［球］◯で作成します❶❷。

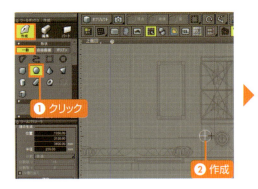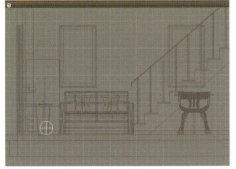

02 ［発光］を調整する

統合パレットの［材質］→［効果設定］→［発光］を「1」にします❶。

03 ［イメージウィンドウ］で確認する

レンダリングして確認すると、フロアスタンドが光って見えます。

264

Lesson 02 ■ 内観のテクスチャを 設定する

STEP 02 ▶ 階段のテクスチャを設定する

マスターサーフェスに「木目1」と「木目2」と「メタルブラック」があります。階段は「踏板」「蹴込板」に「木目1」を設定し、「側桁」と「手摺子」はメ「メタルブラック」を設定します。「手摺」は同じ木目でマッピング方向が違うテクスチャを複製して作成した「木目2」を設定します。

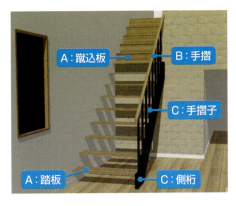

STEP 03 ▶ パートにテクスチャを設定する

パートによるテクスチャ設定について解説します。
「階段」パートの中に「踏板」や「手摺」などの構成部材となるパートが入っており、その中に［自由曲面］などの形状が入っています。「階段」が親パート、「踏板」や「手摺」は子パートとなります。

01 親パートにテクスチャを設定した場合

「階段」パートに設定したテクスチャは、その中に入っている子パートにも反映されます。
親パートのテクスチャを変更した場合、パートの中の形状はすべて一緒に変更されます。

「階段」パートから下に属するパートすべてにテクスチャが設定される

02 子パートにテクスチャを設定した場合

「側桁」「手摺子」の子パートに別のテクスチャを設定すると、該当するパートの中にある形状のみテクスチャが変わります。親パートのテクスチャを変更しても子パートは影響を受けず、テクスチャは変更されません。

該当のパートにだけテクスチャが設定される

03 形状にテクスチャを設定した場合

形状に直接テクスチャを設定した場合は、それが優先されます。親パート、子パートのテクスチャを変更しても影響を受けません。

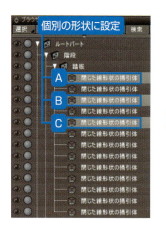
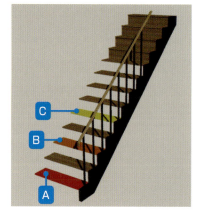

「階段」パートから下に属するパートすべてにテクスチャが設定される

STEP 04 テクスチャを解除する

01 パートのテクスチャを削除する

「階段」パート（親）を選択し❶、統合パレットの［表面材質］→［削除］ボタンをクリックします❷。

02 パートのテクスチャが削除される

「階段」パートに属している形状のテクスチャが削除され、子パートや形状に直接設定しているテクスチャのみ残ります。

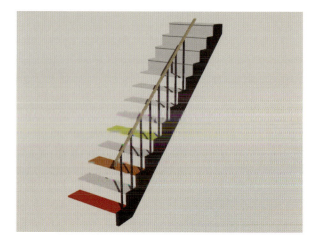

03 子パート以下のテクスチャを削除する

「階段」パート（親）を選択し❶、［表面材質］の［全削除］ボタンをクリックします❷。

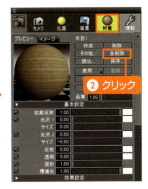

04 アラートが表示される

図のようなダイアログボックスが表示されるので、［OK］ボタンをクリックします❶。

05 すべてのテクスチャが削除される

「階段」パートの中に属するすべてのテクスチャを削除することができます。

これらの機能を活用して、効率よくテクスチャを設定してみましょう。

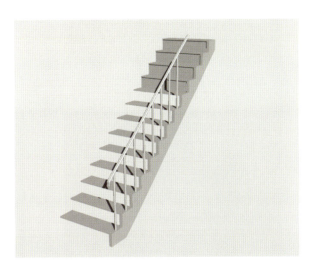

Part6 空間を仕上げる

Lesson 03 カメラアングルを設定する

USE TOOL

アングルはパースの仕上がりの善し悪しに大きく影響します。そのため、使用目的にも合わせ、どのアングルにするかを決定する作業は非常に重要です。
Shade3Dのカメラの基本操作をマスターし、より魅力的に見せるアングルをいろいろと試してみましょう。

作例 外観・内観アングル

練習フォルダ：Part6-03　完成フォルダ：Part6-03F

これまでのカメラの操作は［透視図］の右上にあるナビゲーションツールの［スクロール］ ［回転］ ［ズーム］ を使って操作をしてきました。ここでは統合パレットの［カメラ］ウインドウを使ったアングル設定を解説します。
パースは視点の高さや角度によって印象が変わります。［カメラ］ウインドウでは検証したアングルを記憶し、見比べたり、必要なアングルを複数用意することができます。

完成見本

［外観パース］

設定ポイント
- ［カメラ］ウインドウの操作方法
- カメラの記憶と切り替える
- カメラ形状の作成方法
- 効率の良いカメラを設定する
- ［ズーム］の操作方法

［内観パース］

Lesson 03 ■ カメラアングルを設定する

STEP 01 ▶ ［カメラ］ウインドウの基本操作

アングルを調整する［カメラ］ウインドウは、統合パレットから［カメラ］を選択します❶。
操作の手順は以下の通りです。

01 カメラを移動する

［視点］［注視点］［視点＆注視点］［ズーム］［ウォーク］からカメラモードを切り替え❶、［仮想ジョイスティック］をドラッグし❷、カメラを移動します（カメラモードの操作については、STEP02を参照）。
［仮想ジョイスティック］下のボタンでカメラのアングルを戻したり❸、進めたりすることができます❹。

02 アングルを記憶や保存する

［記憶］と［復帰］でアングルの保存や❶、「読込」で他のファイルのアングルを読み込んだり、アングルを「保存」することができます❷。

STEP 02 ▸ ［視点］と［注視点］の操作方法

カメラを設定する際に［視点］と［注視点］を理解する必要があります。

視点	カメラのある位置・見ている位置
注視点	カメラの向き・見ている点

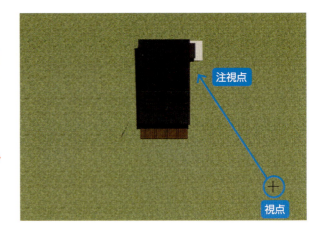

01 ［視点］について

［視点］は「注視点（見ている点）」を変えず、カメラの位置を変更します。

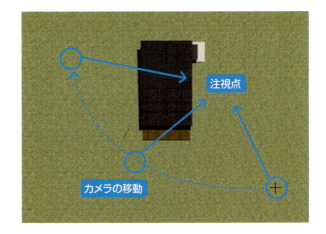

02 ［視点］を操作する

［仮想ジョイスティック］を左右にドラッグすると水平に回転し❶、上下にドラッグすると垂直に回転します❷。

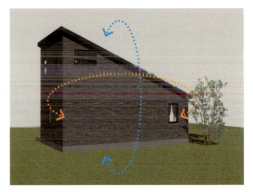

Lesson 03 ■ カメラアングルを設定する

03 ［注視点］について

［注視点］は「視点（見ている位置）」を変えず、見ている方向（カメラの向き）を変えることができます。

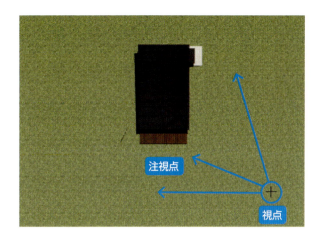

04 ［注視点］を操作する

［仮想ジョイスティック］を左右にドラッグすると水平に角度が変わり❶、上下にドラッグすると垂直に角度が変わります❷。

 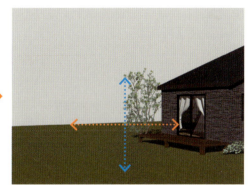

05 視点＆注視点を動かす

［視点＆注視点］はスクロールと同じ動きになります。［仮想ジョイスティック］を左右にドラッグすると水平に移動し❶、上下にドラッグすると垂直に移動します❷。

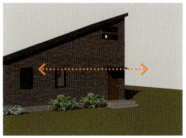

［仮想ジョイスティック］を左右にドラッグすると、水平に視点が移動する

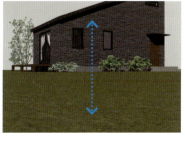

［仮想ジョイスティック］を上下にドラッグすると、垂直に視点が移動する

271

STEP 03 ▶ ［ズーム］の操作方法

01 ［ズーム］を操作する

ズームは［仮想ジョイスティック］を上下にドラッグすると、対象物にカメラが近づいたり❶、遠ざかったりします❷。

［仮想ジョイスティック］を上にドラッグすると、ズームインする

［仮想ジョイスティック］下にドラッグすると、ズームアウトする

02 焦点距離を変える

［仮想ジョイスティック］を左右にドラッグすると❶❷、カメラの位置は変わらず、焦点距離が変わります。

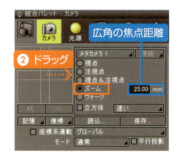

03 焦点距離が変わる

広角レンズ、望遠レンズで見たアングルになります。

標準の焦点距離

広角の焦点距離

Lesson 03 ■ カメラアングルを設定する

STEP 04 ▸ 視点を記憶する

複数のカメラアングルを記憶して切り替えることができます。
正面や側面など、決まったカメラアングルを記憶しておくことで、素早く表示を切り替えられます。

［メタカメラ1］

［メタカメラ2］

01 ［メタカメラ］で記憶する

［記憶］ボタンをクリックし❶、［メタカメラ］を選択します❷。
［透視図］に表示されているアングルが記憶されます。

Point　アングルを調整してから記憶する

他のアングルを記憶する場合は、先にアングルを調整してから［記憶］ボタンをクリックします。

02 記憶したアングルに切り替える

記憶したアングルを表示する場合は、［カメラ選択］のポップアップメニューをクリックし❶、カメラの名称を選択します❷。

Point　カメラアングルを削除する

不要なアングルがある場合は、該当のアングルを選択後、［カメラ選択］ポップアップメニューの［削除］を選択すると削除できます。

273

03 [カメラ] で記憶する

[メタカメラ] の他にもアングルを記憶することができます。
[記憶] ボタンをクリックし❶、ポップアップメニューから [カメラ] を選択した場合❷、[カメラ形状] が作成され❸、[ブラウザ] に表示されます❹。

COLUMN　あおり補正

外観パースなど、カメラを下から上に向かって広角気味にアングルを設定した場合、縦方向にパースがかかり不自然に見える場合があります。
その場合は [詳細設定] → [あおり補正] のスライダをドラッグして縦方向のパースを調整します。

補正前：上に向かってパースがかかっている　　補正後：建物のラインが補正された

STEP 05　カメラを作成する

01　作成する位置を指定する

図形ウインドウに直接カメラを作成することができます。
最初に [正面図] でクリックし❶、カメラの高さを指定します。

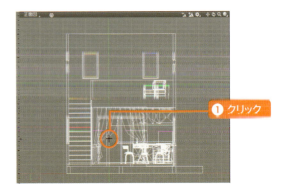

Lesson 03 ■ カメラアングルを設定する

02 カメラの向きを決める

ツールボックスの［作成］→［カメラ］をクリックします❶。図形ウインドウに表示されたカメラを［上面図］でドラッグし❷、向きを設定します。カメラはブラウザに表示されます❸。

 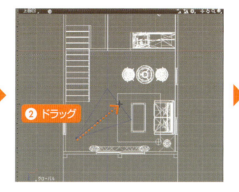 

03 カメラアングルを切り替える

作成したカメラのアングルで表示します。統合パレットの［カメラ］→［カメラ選択］ポップアップメニューをクリックし❶、表示したいカメラの名称を選択します❷。

Point ［カメラ］に名前をつけて管理する

作成した［カメラ］は名称が同一のため、名前をつけて管理しましょう。

STEP 06 ▶ アングルの角度や焦点距離を調整する

01 カメラのアングルを調整する

カメラを直接操作して、アングルを調整します。
マニピュレータの移動や回転で調整することができます。

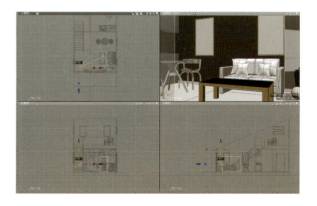

275

02 カメラ形状の焦点距離を調整する

焦点距離は統合パレットの［カメラ］→［ズーム］で操作します（STEP03参照）。

カメラ形状の広がり方で焦点距離の違いを確認することができます。

STEP 07 ▸ 対象物にアングルを合わせる

01 選択した形状に注視点を合わせる

カメラの注視点を見たい方向に素早く設定することができます。
見たい形状を選択します❶。統合パレットの［カメラ］→［セット & 連動］→［注視点］の［形状］をクリックします❷。

現在のアングル

02 アングルが変更される

アングルが選択した形状に向かって変更されました。

Lesson 03 ■ カメラアングルを設定する

STEP 08 カメラの視点を合わせる

01 カーソル位置に視点を合わせる

カメラの視点を素早く設定することができます。
視点にする位置をクリックします❶。統合パレットの［カメラ］→［セット＆連動］→［視点］の［カーソル］をクリックします❷。

現在のアングル

02 視線が変更される

視点が設定した位置に移動します。

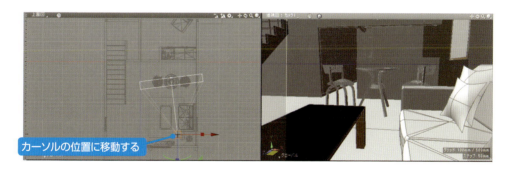

COLUMN　ウォークスルー

統合パレット→［カメラ］のカメラモード［ウォーク］は、スムーズに視点移動を行うことができ、部屋の中を歩き回るようにカメラを移動することができます。

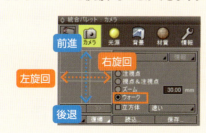
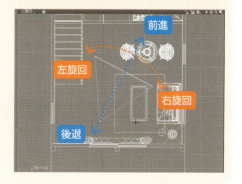

277

Part6 空間を仕上げる

Lesson
04 光源を設定する

USE TOOL

ライティングは全体のイメージや完成度に大きく影響する要素で、非常に重要な設定です。ライトの当て方で、陰影による、より立体的に見せ方もあれば、明るさを重視したためにメリハリがなくのっぺりとした印象になってしまうこともあります。光源の特徴を理解し、見栄え良く仕上げるために光源の使い分けや設定を行いましょう。

作例 外観・内観ライティング

練習フォルダ：Part6-04　完成フォルダ：Part6-04F

Shade3Dにはさまざまな種類の光源があり、シーンに合わせて光源を選択します。ライティングの手法はレンダリングの種類や人それぞれの見せ方などもあり、これが正解！と言うものはありませんが、どのような時にどの光源を使うかを決める上でも、それぞれの光源の特徴を理解しておく必要があります。ここでは外観、内観それぞれを例に光源の設定方法と特徴を解説して行きます。

完成見本

[外観パース]

設定ポイント
- 外観と内観で使用する光源の違い
- 複数の光源を使用する場合の設定内容
- 照明器具の種類に合わせた光源設定
- ［光源］ジョイントを使った明るさを編集する
- 面光源、線光源の作成方法

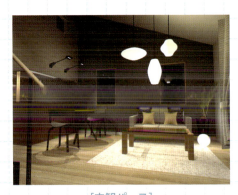

[内観パース]

Lesson 04 ■ 光源を設定する

STEP 01 ▸ 無限遠光源を設定する

［無限遠光源］は太陽光のように遠くから平行に差し込む光で、デフォルトで設定されている光源です。

統合パレットの［無限遠光源］ウインドウで設定します。光源の位置は［ビュー］に合わせて左右にある半球をクリックして設定することができます。［左半球］はビュー（ここでは［透視図］）に向かって正面になり、［右半球］はその裏側になります。

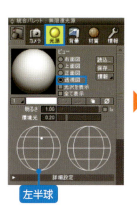
左半球

正面から光源が当たる

右半球

裏側から光源が当たる

01 メイン光源を設定する

［無限遠光源］は複数設定することが可能です。
外観パースでは［メイン光源］［補助光源1］［補助光源2］の3つの光源を配置して作成します。
［メイン光源］は基本となる光源で建物の重要な部分を主に照らします。

メイン光源

279

02 補助光源1を設定する

暗い部分をフォローする［補助光源1］を追加します。
統合パレットの［光源］→［無限遠光源番号ポップアップメニュー］をクリックし❶、［新規作成］を選択して2つ目の光源を追加します❷。メイン光源と反対側の暗い部分に光を当てます❸。ここでは［明るさ］を「0.5」、［環境光］を「0」にしています❹。［環境光］は全体を均一に明るくするものですが、数値が高いと陰影の差が少なくメリハリがなくなってしまいます。

 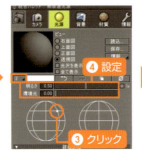 

03 補助光源2を設定する

建物の裏側に3つ目の光源の［補助光源2］を作成し❶❷、設定します❸。［補助光源1］より暗めの光になります。

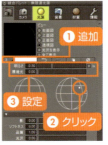 

［補助光源2］は建物の裏側に設定している光源

COLUMN　フィジカルスカイ

Shade3Dの［Standard］と［Professional］には日照をシミュレーションできる［フィジカルスカイ］が搭載されています。無限遠光源の［太陽光］の［有効］にチェックを入れることで設定ができます。
地域や日付、時刻を設定すると太陽の方向や空の色を自動的に設定され、光源を簡単にシミュレーションすることができます。

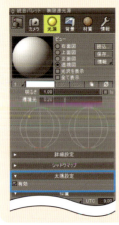 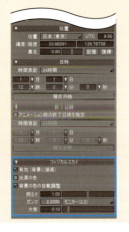  

Lesson 04 ■ 光源を設定する

STEP 02 ▶ 内観に無限遠光源を設定する：点光源

無限遠光源は太陽光と同じで、壁や天井がある場合は室内に光が入りません。
内観の場合、窓から差し込む光として使用します。

室内の光はツールボックスの［作成］→［光源／カメラ］→［点光源］［スポットライト］［面光源］［線光源］を使用します。

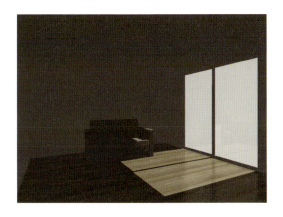
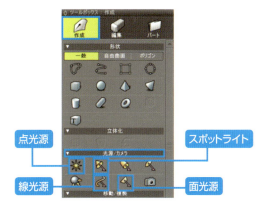

01 点光源を設定する

点光源は360°に光が放たれる光源です。空間の中央に配置して効果を確認します。
設定手順は、ツールボックスの［作成］→［点光源］をクリックして選択します❶。

02 配置位置と長さを指定する

［上面図］で点光源を配置する座標をクリックし❶、［正面図］でドラッグして光源を設定します❷。
ドラッグの長さがと明るさは比例しています。

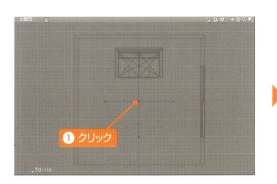
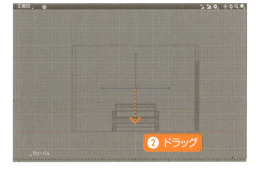

03 光源を調整する

［形状情報］では［明るさ］の他に❶、［光沢］や［環境光］［影］などの設定ができます。

ここでは壁の反射を取るために［光沢］を「0」、全体的に空間を明るくするために［環境光］を「0.1」に、影を薄くするために［影］を「0.33」に設定しています❷。

04 光源の高さを調整する

点光源を天井の近くに配置すると、光源に近い天井面に強い光があたります。空間全体を明るくするためには、あまり高い位置に配置しない方が効果的です。

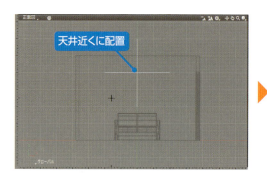

天井に近いと天井面の光が強くなる

05 複数配置する

空間の大きさによっては、1つの光源だけでは明るさを確保することができません。複数の光源を配置して明るくする範囲を広くします。配置する光源の位置や数に合わせてそれぞれの［明るさ］を調整しバランスを取ります。

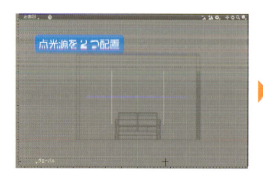

Lesson 04 ■ 光源を設定する

STEP 03 ▶ 内観に無限遠光源を設定する：スポットライト

01 スポットライトを設定する

スポットライトを配置します。スポットライトは光を当てる向きに合わせて設定します。

設定手順は、ツールボックスの［作成］→［スポットライト］をクリックして選択します❶。

02 配置位置と光の向きを設定する

スポットライトを配置します。スポットライトは光を当てる向きに合わせて設定します。
［上面図］で光源を配置する位置をクリックし❶、［正面図］で上から下に向かってドラッグすると❷、光は真下に向きます。ドラッグの長さがと明るさは比例しています。

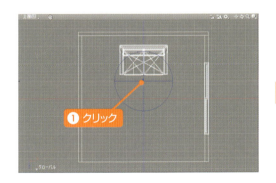
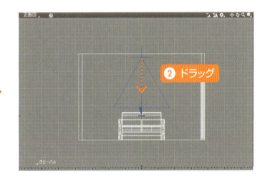

03 スポットライトを調整する

［形状編集］で［明るさ］や［角度］を数値で指定することができます。

図は［明るさ］が「2000」❶、［角度］が「45°」と「80°」の場合です❷。

設定できる最大角度は180°です。

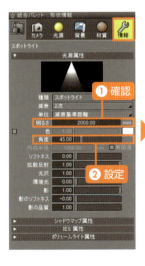

283

COLUMN　ソフトネスについて

［ソフトネス］でスポットライトの影の輪郭を柔らかくぼかすことができ、より自然な光の表現ができます。
図は［ソフトネス］を「0.10」にしたものです。

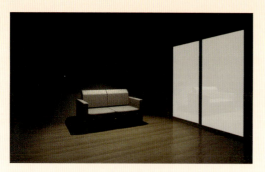
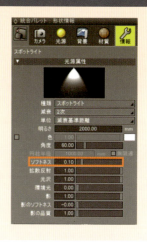

STEP 04　光源を編集する：光源ジョイント

01　光源ジョイントを作成する

［光源］ジョイントを使って、複数の光源の明るさを簡単に調整することができます。
ツールボックスの［パート］→［ジョイント］→［光源］を選択します❶。ブラウザに［光源］パートが作成されます❷。その中に複数の光源を入れます。

02　光源ジョイントを同時に調整する

統合パレットの［形状情報］→［光源ジョイント属性］→［光源］のスライダを調整すると❶、複数の光源の明るさを同時に調整することができます。

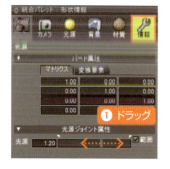

03 光源を組み合わせる

室内の光源は、照明器具の種類や明るさに合わせてスポットライトや点光源を配置します。ここでは、壁面に当たるダウンライトの配光をスポットライトで表現し❶、室内全体の明るさは点光源で設定しています❷。複数の光源を配置する場合、影をつける光源とつけない光源を使い分けるようにします。

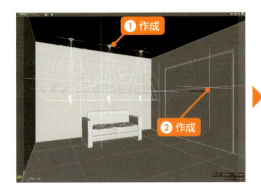

STEP 05 ▸ 光源の色表現：色温度を表現する

光源に色をつけることができるため、電球色や昼光色など色温度に合わせた光の表現ができます。

01 光源に色を設定する

統合パレットの［形状情報］→［光源属性］→［色］のカラーボックスをクリックします❶。

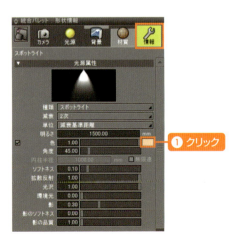

02 色を選択する

［色の設定］ダイアログボックス（Macは［カラー］パネル）でカラーボックスに設定する色を選択し❶、［OK］ボタンをクリックします❷。

Point　色の設定について

ここでは色を作成し、設定しています。本書と同じ設定にする場合は、右下の［赤］［緑］［青］に図と同じ数値を設定してみてください。

STEP 05　照明の種類に合わせた光源を設定する

ペンダントとデスクスタンドはランプシェードの中に［影］がない、または［影］を薄くした設定の点光源を配置しています。また、ペンダントには下に向けたスポット光源を設定しています。
フロアスタンドは［表面材質］の［発光］を設定しただけで光源を設定していないため、周囲に広がる光は表現されていません。

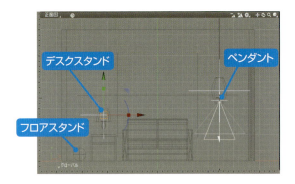

STEP 06　線光源と面光源を設定する

［面光源］は「閉じた線形状」自体を光源に設定することができ、［線光源］は「閉じた線形状」や「開いた線形状」自体を光源にすることができます。

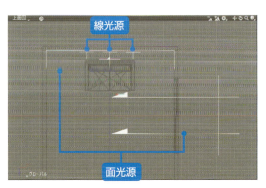

Lesson 04 ● 光源を設定する

01 線形状に光源を設定する

作成した形状を面光源や線光源に設定する場合は、統合パレットの［形状編集］→［光源属性］→［光源の種類］→［面光源］または［線光源を］選択し❶、［明るさ］に数値を入れます❷。
面光源は柔らかい光の表現ができ、窓から差し込む光や、間接光に使用することができます。線光源はネオンサインなどの表現に使用できます。

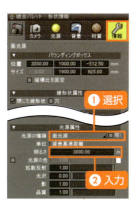

Hint 面光源を可視化する
［光源の種類］の［可視］にチェックを入れると面光源を可視化できます。

STEP 07 ▶ 大域照明を設定する

面光源はレンダリングの［大域照明］を設定することで、より効果的な表現ができます。［大域照明］とは反射によって繰り返される間接的な光を計算する方法です。

01 レンダリングする

［レンダリング］メニュー→［レンダリング設定］を選択し❶、［イメージウインドウ］を開きます。
［大域照明］タブの［大域照明］を［パストレーシング］にし❷、レンダリングします❸。

287

Part6 空間を仕上げる

Lesson 05 背景を設定する

USE TOOL : no items

CGパース制作工程でモデリングした内観・外観パースを画像で取り出し、Photoshopなどのレタッチソフトであとから背景と合成する方法がありますが、ここではシーンに合わせた背景をShade3Dで設定します。空や風景などの抽象的な背景を使用したり、実際に建物が立つ場所を撮影し、Shade3Dに取り込んで背景にすることもできます。

作例 外観・内観背景

練習フォルダ：Part6-05　完成フォルダ：Part6-05F

Shade3Dで作成する背景には、パターンで作成する方法と画像を使用する方法があります。画像を背景に使用する場合は、アングルにあっているか、レンダリングするサイズに合っているか、色や光のバランスがマッチするかなどを検討する必要があります。ここでは、それぞれの背景の作成方法を解説します。

完成見本

[外観パース]

設定ポイント：外観
- パターンで背景を作成する
- イメージで背景を作成する
- HDRIの背景を設定する

[内観パース]

設定ポイント：内観
- 内観パースの完成例は「ShadeExplorer」に収録されているHDRI背景「Wharf_at_evening_1.shdhgr」を使用しています。

Lesson 05 ■ 背景を設定する

STEP 01 ▸ パターンで背景を作成する

Shade3Dには「雲」や「海」などのパターンがあらかじめ用意されおり、それらを組み合わせて背景を作成します。ここでは、空と大地を表現したパターンの作成方法を解説します。

01 パターンを設定する

統合パレットの［背景］でパターンの設定を行います。

デフォルトでは［上半球基本色］［下半球基本色］はともに黒になっています❶。［パターン］ポップアップメニューから「雲」を選択します❷。プレビューには黒ベースに白い雲のパターンが表示されます。

02 色と領域を設定する

上半球をブルーに変更すると青空になります。［上半球基本色］のカラーボックスをクリックし❶、［色の設定］ダイアログボックス（Macは［カラー］パネル）でブルーを選びます❷❸。［領域］ポップアップメニューから［上半球］を選択すると❹、上半分だけ「雲」のパターンになります。

289

03 パターンを追加する

［パターン］ポップアップメニューをクリックし❶、［新規作成］を選択してパターンを追加します❷。
大地になる部分は「海」のパターンを設定します❸。

04 パターンカラーを設定する

手順 02 と同様にベースカラーになる［下半球基本色］を設定し❶、パターンの［カラー］を緑の濃淡で設定します❷。パターンの［領域］を「下半球」に設定します❸。

05 ぼかしのパターンを追加する

空と大地の間に「霧」のパターンを追加し、空と大地の間をぼかします。
手順 03 と同様にパターンを追加し❶、「霧」のパターンを設定します❷。パターンのカラーは濃い緑色（手順 04 で［カラー］に設定した色）を設定します❸。

Lesson 05 ● 背景を設定する

06 ぼかしを調整する

［領域］を「全体」にします❶。［合成ポップアップメニュー］を「通常」のままで❷、マッピングスライダで濃度を調整します❸。数値を下げると、中央部のパターンの色が濃くなります。
［サイズ］のマッピングスライダを調整し❹、パターンサイズを変えることができます（ここでは「上半球」を調整しました）。

07 パターンを保存する

作成した背景は、保存して他のファイルに読み込んで使用することができます。
［保存］ボタンをクリックし❶、［名前を付けて保存］ダイアログボックスで保存します❷❸。別のファイルで［読込］ボタンをクリックし❹、［開く］ダイアログボックスでファイルを選択すると❺❻、［背景］ウインドウに読み込まれます。

COLUMN　レンダリング時に背景を非表示にしたい場合

背景を非表示にしてレンダリングすることができます。
［レンダリング］メニュー→［レンダリング設定］で［イメージウインドウ］を開き、［基本設定］タブ→［背景を描画］のチェックを外すと背景は表示されません。

291

STEP 02 ▸ イメージで背景を作成する

01 イメージを追加する

写真を背景に設定することができます。
統合パレットの［背景］→［パターン］ポップアップメニューをクリックし❶、「イメージ」を選択します❷。

02 イメージを読み込む

［イメージ編集］をクリックし❶、「読み込み」を選択します❷。

03 ファイルを選択する

［開く］ダイアログボックスが表示されます。使用する画像ファイルを選択し（ここでは「オリジナルテクスチャ」フォルダの「背景5.jpg」）❶、［開く］ボタンをクリックします❷。

Lesson 05 ■ 背景を設定する

04 イメージの投影を設定する

ファイルが読み込まれ、ビューにイメージが表示されます。
［領域］は「全体」にし❶、［投影］は「球」にします❷。

05 イメージの方向を調整する

［方向］のマッピングスライダを動かして調整します❶。

06 背景イメージを確認する

イメージを水平方向に 360°回転することができ、背景の位置を調整することができます。

「方向」のマッピングスライダで調整

293

STEP 03 ▶ HDRI 背景について

［Shade Explorer］に収録されている背景は「HDRI 背景」です。
HDRI（ハイダイナミックレンジイメージ）とは、最も高い輝度と低い輝度の値の幅（レンジ）が広い画像のことで、HDRI 背景を使用すると陰影表現が自然なライティングが可能になり、光沢や写り込みが鮮やかなフォトリアルな画像を作成することができます。

［Shade Explorer］の背景を使用した場合

無限遠光源のみでレンダリングした場合

STEP 04 ▶ バックドロップを設定する

レンダリング設定で背景を設定することができます。［背景］ウインドウで取り込んだ画像は球体の背景になりますが、この方法では画像は平面的に表示されます。

背景に使用する画像
（1360 × 960 ピクセル）

「背景」ウインドウで設定した例

「バックドロップ」ウインドウで設定した例

294

Lesson 05 ■ 背景を設定する

01 イメージを取り込む

［レンダリング］メニュー→［レンダリング設定］を選択します❶。［イメージウインドウ］の［イメージ］タブをクリックします❷。［イメージ編集］をクリックし❸、イメージを［読み込み］を選択します❹。

02 ファイルを選択する

［開く］ダイアログボックスが表示されます。使用する画像ファイルを選択し（ここでは「オリジナルテクスチャ」フォルダの「背景4.jpg」）❶、［開く］ボタンをクリックします❷。

03 イメージを設定する

［イメージウインドウ］に戻ったら、［バックドロップ］にチェックを入れます❶。画像のサイズに合わせてレンダリングサイズを設定し❷、レンダリングを実行します❸。
「背景4.jpg」のサイズは「幅：1360」、「高さ：960」です。

295

Part6 空間を仕上げる

Lesson 06 ▸ レンダリングする

USE TOOL ▸ no items

いよいよレンダリングで最終仕上げになります。レンダリングをわかりやすく例えるなら、立体的に色や陰影をつける計算を行うということです。レンダリングの種類、光源設定、透明度や反射などの質感、モデルの作り込み度合いにより計算時間が変わりますが、長時間かかる場合があります。

制作スケジュールにはモデリングなど自ら手を動かして操作する時間の他に、レンダリング計算にかかる時間を見込んでおく必要があります。

作例 内観夜・内観昼

練習フォルダ：Part6-06　　完成フォルダ：Part6-06F

Shade3Dのレンダリング設定にはさまざまな機能があり、プロユーザーはそれぞれの機能や特徴を理解した上で、リアルで完成度の高い仕上がりを実現しています。ですが、そこまで使えるようになるにはCGの専門知識も必要になります。ここでは、数少ない設定で効果が期待できる設定方法の基本的な部分を中心に解説します。

完成見本

[夜のシーン]

設定ポイント
- [イメージウインドウ] の機能を活用する
- レンダリング手法の違いを知る
- 曲面の滑らかさを調整する
- 明るさを調整する

[昼のシーン]

Lesson 06 ■ レンダリングする

STEP 01 ▸ ［イメージウインドウ］で設定する

レンダリングの各種設定及び実行は［イメージウインドウ］で行います。［レンダリング］メニュー→［レンダリング設定］の順にクリックし❶、［イメージウインドウ］を表示します。レンダリングの各種設定はをクリックし❷、［レンダリング設定］を開いて行います。［レンダリング］ボタンでレンダリングを開始します。途中で止める場合は［停止］ボタンで一時停止ができ、［再開］ボタンで続きのレンダリングを行うことができます❸。
Professional 版では［レンダリング履歴］でレンダリング結果を比較することができます❹。

01 選択形状をレンダリング対象にする

［選択形状のみ］にチェックを入れた場合、選択している形状だけのレンダリングが可能になり、確認作業などを早く行うことができます。

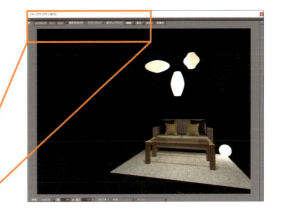

02 選択している図形ウインドウをレンダリングする

［アクティブビュー］にチェックを入れた場合、選択している図形ウインドウのレンダリングができます。外観の場合、立面図として使用が可能です。

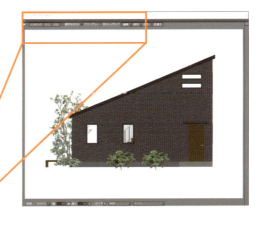

297

STEP 02 ▸ 部分レンダリングする

［イメージウインドウ］の［部分レンダリング］にチェックを入れた場合、レンダリングし直す範囲を設定することができます。

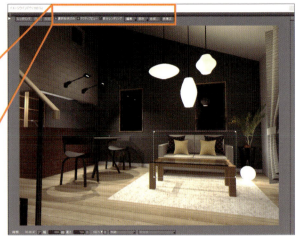

01 範囲を指定する

画面に表示された白い枠をドラッグし❶、サイズを変更して範囲を指定します。
ここでは、色変更したソファと本を追加したテーブルを囲みます。

02 レンダリングを開始する

［レンダリング］ボタンをクリックします❶。レンダリングを開始すると、その範囲のみがレンダリングされます。
部分的な修正が発生した時など、すべてのレンダリングをやり直さなくても、部分的にやり直しが聞くため短時間で済ませることができるので便利です。

Lesson 06 ■ レンダリングする

STEP 03 ▸ レンダリング手法を比較する

レンダリングの手法により、パース画像の品質に違いがあります。レンダリングの切り替えは［手法］ポップアップメニューから選択します。ここでは代表的なレンダリング手法の［レイトレーシング］［パストレーシング］の違いを見てみます。

01 レイトレーシング

Shade3D のデフォルトのレンダリング手法です。反射や屈折の表現が可能で、スピーディーで高品質なレンダリング結果を得られます。

02 パストレーシング

品質の高いレンダリング手法です。リアリティのある仕上がりが期待できます。［大域照明］を［パストレーシング］にし、［反射係数］や［関節光の明るさ］を設定して回り込む光の表現をすることができます。ただし、レイトレーシングに比べると計算時間が長くなります。

Point　［反射係数］と［間接光の明るさ］

［反射係数］と［間接光の明るさ］設定については STEP06「明るさを調整する」で解説します。

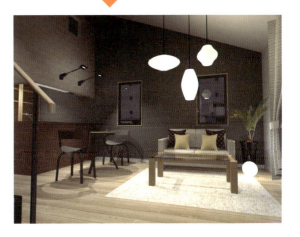

299

STEP 04 ▸ 滑らかさを表現する：面の分割

［面の分割］は「細かい」または「最も細かい」を設定することで、曲面が滑らかに表示されます。
ただし、メモリを多く使うため、最終的に高品質なレンダリングを行う時にのみ選択する方がよいでしょう。

面の分割：普通

面の分割：最も細かい

01 記号で面の分割を設定する

レンダリング設定の［面の分割］は、モデル全体に対して適用されますが、［ブラウザ］で形状の名前の前に記号を入れることで、滑らかに表示したい形状のみ適用させることができます。
記号は「＜」で1段階細かくすることができ❶、「＜＜」は2段階細かくすることができます❷。

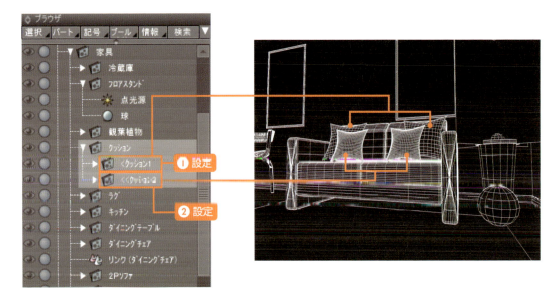

Lesson 06 ■ レンダリングする

STEP 05 ▶ 昼間の明るさを表現する

図は、昼間の室内を表現したパースです。
各窓の前に面光源を配置します。

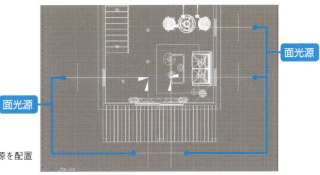

各窓の前に面光源を配置する

01 面光源を配置する

各窓の前に面光源を配置します。窓の前に閉じた線形状で図形（ここでは［長方形］）を描きます❶。
統合パレットの［情報］→［光源属性］→［光源の種類］を「面光源」❷、［明るさ］に数値を入力します❸。

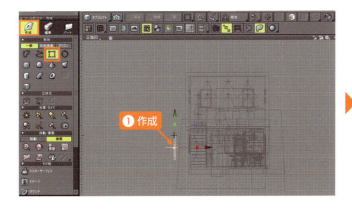

02 面光源の向きを調整する

面光源の向きを調整して、窓から室内に光が入るようにマニピュレータで調整します❶❷❸。

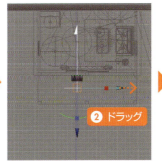

301

03 複製して配置する

作成した面光源を複製して、他の窓の前にも面光源を配置します。

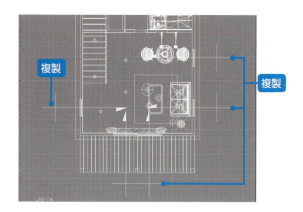

04 室内の光源を無効にする

室内の光源をすべて無効にします。

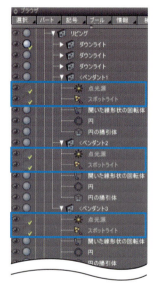
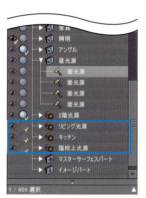

05 パストレーシングでレンダリングする

[イメージウインドウ]の[手法]を「パストレーシング」❶、[大域照明]を「パストレーシング」に設定し❷、レンダリングします❸。

Lesson 06 ■ レンダリングする

STEP 06 ▸ 大域照明の反射係数と関節光の明るさを設定する

室内を明るくするために面光源の明るさを強くすると、床にあたる光が強く出てしまいます。
そこでレンダリング設定の［大域照明］タブの［反射係数］と［関節光の明るさ］を高くして調整します。

01 反射係数と関節光を設定する

ここでは［反射係数］を「1」❶、［関節光の明るさ］を「2.5」にし❷、レンダリングします。

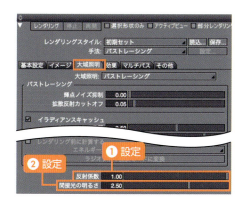

STEP 07 ▸ 色補正をする

［色補正］ウインドウでは、レンダリングイメージの明るさやコントラスト、カラーバランスなどが調整できます。
［表示］メニュー→［色補正］の順にクリックし❶、［色補正］ウインドウを開いて明るさを調整します。

> **Hint** ［イメージウインドウ］の表示
>
> ［イメージウィンドウ］の［色補正］ボタンで開くこともできます。

303

01 色補正する

［色補正］ウインドウでは、レンダリングイメージの明るさやコントラスト、カラーバランスなどが調整できます。
設定した効果は再度レンダリングすることで有効になります。

> **Point** ［イメージウインドウ］の便利な機能
>
> ver.17 より、［イメージウインドウ］に［色補正］ボタンがつきました。また、［レンダリング画像に即時反映する］にチェックを入れて、レンダリングし直さなくてもリアルタイムで明るさ調整をすることができます（Professional 版のみ）。

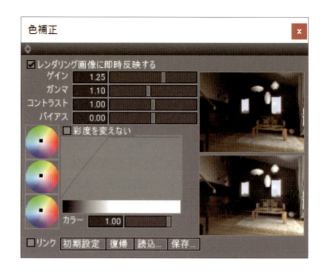

02 レンダリング結果を確認する

これで外観、内観のパースが完成しました。
レンダリングした画像を確認しましょう。

外観パース完成

内観パース完成例（昼）

内観パース完成例（夜）

付録
操作リファレンス

Appendix 付録：操作リファレンス

01 形状の作成方法

形状の作成方法について、ここで要点をまとめて解説します。
それぞれの形状を作る手順のおさらいとしてまとめていますので、操作に迷った場合にお読みください。

STEP 01 開いた線形状・閉じた線形状を作成する

01 線形状は、[閉じた線形状] （もしくは[開いた線形状] ）を選択します❶。

02 クリックしたところに「コントロールポイント」が作成され、ドラッグするとハンドルが生成され曲線を描画することができます❶〜❺。最後にダブルクリックして終了します❻。

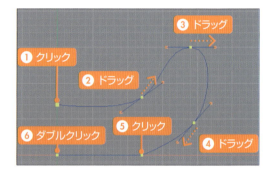

STEP 02 長方形を作成する

01 ツールボックスの[作成]→[一般]→[長方形] を選択します❶。

02 対角線状にドラッグして作成します❶。

■ Point　正方形にする方法

[Shift]キーを押しながら作図すると、正方形が作成できます。

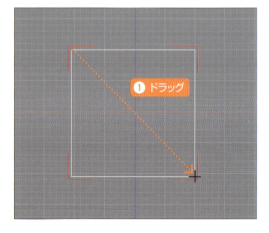

Appendix 01 ■ 形状の作成方法

STEP 03 ▶ 円を作成する

01 ツールボックスの［作成］→［一般］→［円］◯を選択します❶。

02 描き始めを円の中心とし、ドラッグした距離を半径とした正円が作成されます❶。

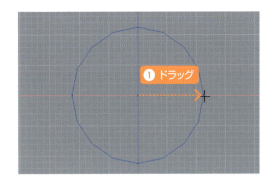

STEP 04 ▶ 直方体を作成する

01 平面形状を作成して立体にします。ツールボックスの［作成］→［一般］→［直方体］◯をクリックし❶、［上面図］で対角線状にドラッグして四角形を描きます❷。

02 描かれた四角形は［正面図］で確認すると、線状で表示されています。その線を厚みをつける方向にドラッグすると❶、立体になります。

［正面図］での表示

［正面図］でドラッグする

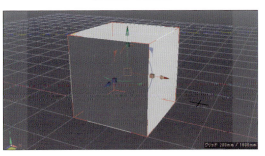

［透視図］での表示

307

STEP 05 ▶ 球を作成する

01 半径をドラッグして作成します。ツールボックスの［作成］→［一般］→［球］をクリックします❶。

02 ［上面図］でドラッグして円を描きます❶。［透視図］（または［正面図］）で確認すると、球体が表示されます。

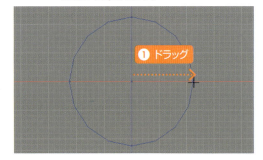

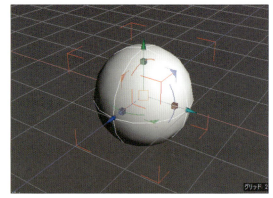

［透視図］での表示

STEP 06 ▶ 数値を指定して形状を作成する

01 直方体や球は数値を入力してサイズを設定することができます。形状を作成した直後に［ツールパラメータ］に数値を入力し❶、［確定］ボタンをクリックします❷。図は「直方体」の表示です。ツールにより表示する内容は変わります。

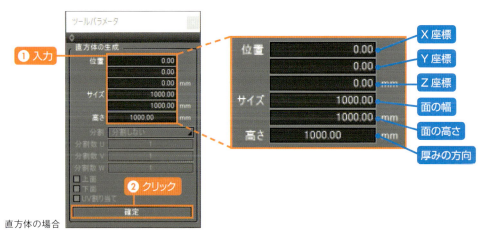

直方体の場合

308

Appendix 01 ■ 形状の作成方法

02 入力した数値で形状が作成されます。
図は［上面図］で直方体を作成した場合の設定内容です。

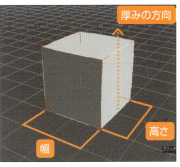
サイズについて

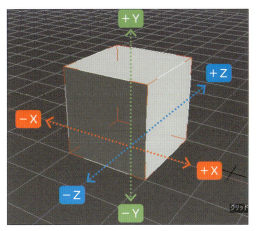
座標について

STEP 07 ▸ 自由曲面を利用して形状を作成する

01 ツールボックスの［パート］で［自由曲面］パートを作成します❶。線形状を順番にパートに形状を入れます❷〜❹。

［自由曲面］で自由曲面パートを作成する

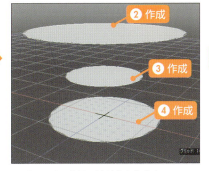
高さが違う位置に線形状を作成する

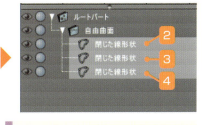

Point　円から線形状に変換する

［円］で作成した場合、ツールパラメータで［線形状に変換］を実行してから自由曲面パートに入れます。

02 自由曲面は水平方向と垂直方向に交差する線形状で作成されます。ツールボックスの［編集］→［切り替え］を選択すると❶、交差する方向の線形状に切り替わります。

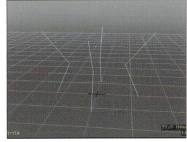
垂直方向

［透視図］での表示

309

STEP 08 ▸ 掃引体を作成する

01 立方体を掃引体で作成する場合、ツールボックスの［作成］→［一般］→［長方形］■を選択し❶、［上面図］を対角線上にドラッグして線形状を作成します❷。

02 続いて、ツールボックスの［作成］→［一般］→［立体化］→［掃引体］■をクリックします❶。

03 ［正面図］で線の上から厚みをつける方向にドラッグします❶。

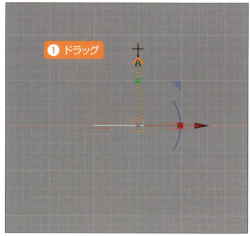

04 掃引体の完成です。

05 作成後、統合パレットの［形状情報］でサイズを数値入力することができます。

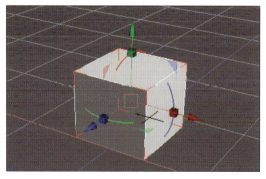

［透視図］での表示

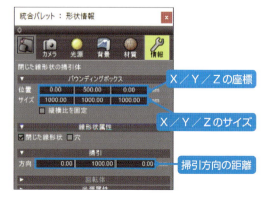

310

Appendix 01 ■ 形状の作成方法

STEP 09 ▶ 回転体を作成する

01 回転体は、断面となる平面形状を回転して立体を作成します。［閉いた線形状］をクリックします❶。

02 ［正面図］で、図のようにクリックを繰り返し❶〜❷、器の断面形状を作成します。ダブルクリックして終了します❻。

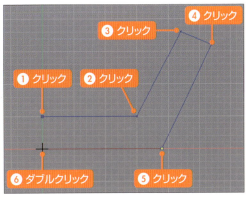

［正面図］での表示

03 断面形状を作成したら、［回転体］をクリックします❶。

04 ［正面図］でY軸上（緑のライン）を始点と終点を通るようにドラッグします❶。

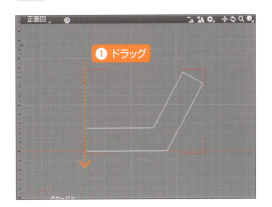

05 回転体の完成です。

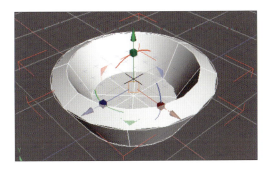

06 統合パレットの［形状情報］で全体のサイズを変更することができ、［縦横比を固定］にすると均等に拡大・縮小されます。

311

Appendix　付録：操作リファレンス

02　線形状の編集方法

ここでは主にコントロールポイントの編集方法を解説します。
ベジェ曲線や線形状を編集する場合に役立つ操作をまとめています。

STEP 01　コントロールポイントを選択する

01 コントロールバーの［オブジェクト］をクリックし❶、［形状編集］を選択します❷。

02 コントロールポイントが表示され、ポイントをクリックすると❶、選択することができます。

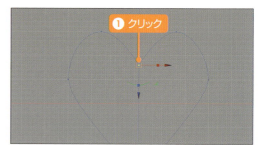

STEP 02　コントロールポイントを移動する

01 コントロールポイントをドラッグして移動します❶。

02 曲線の部分はコントロールポイントをクリックすると❶、接線ハンドルが表示されます。ハンドルをドラッグして傾けると❷、左右のハンドルは連動して曲線が変化します。また、ハンドルをドラッグして引っ張ると❸、片側のハンドルだけ伸縮し、曲線が変化します。

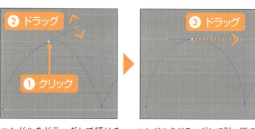

ハンドルをドラッグして傾けると左右のハンドルは連動する

ハンドルをドラッグして引っ張ると、片側のハンドルを調整できる

Appendix 02 ■ 線形状の編集方法

STEP 03 接線ハンドルを折る

01 曲線を折るには、コントロールポイントを選択します❶。

ショートカットキー：Z（Mac は option）キーを押しながらハンドルをドラッグ

02 ツールボックスの［編集］をクリックし❶、［線形状］▸［接線ハンドルを折る］をクリックし❷、ハンドルを折り曲げます。

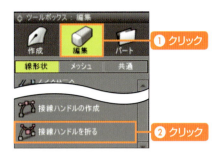

STEP 04 コントロールポイントを追加する

01 ツールボックスの［編集］→［線形状］→［コントロールポイントを追加］をクリックします❶。

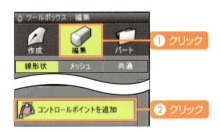

ショートカットキー：X+Z（Mac は command+option）キーを押しながらドラッグ

02 ポイントを追加したい線形状の上を交差するようにドラッグすると❶、コントロールポイントが追加されます❷。

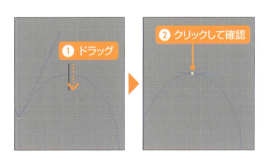

STEP 05 コントロールポイントを削除する

01 ツールボックスの［編集］→［線形状］→［削除］をクリックします❶。削除したいコントロールポイントをクリックします❷。

ショートカットキー：X+Z（Mac は command+option）キーを押しながらクリック

INDEX

[英数字]

-	150
$	151
*-	151
+	151
=	150
3DCG モデリング	12
CAD	17
CAD 図面	190
DXF 形式	190
DXF ファイルのパーツを配置する	254
HDRI 背景	294
NURBS	17
Shade3D	12
ファイルを取り込む	253
Shade3D mobile	17
Shade Explorer	61, 101, 115, 153, 164, 247
VR ビューワー	17

[あ]

厚みをつける	200
穴が開いてしまう場合	41
穴をあける	146, 150
アルファ透明	262
アングル	
合わせる	276
角度や焦点距離を調整する	275
記憶する	269
位置を確認する	196
位置とサイズを設定する	94, 103
位置を修正する	217
一点に収束	71, 98, 123
移動距離を入力する	208
イメージウインドウ	297

[イメージ]

再設定する	163
背景を作成する	292
保存する	66
読み込む	159, 261
色温度を表現する	285
色補正をする	303
色をつける	81, 126
インストール	18
インターフェイス	26
インポート	192
ウォーク	269
ウォークスルー	277
エクスポート	15
円	36
円を描く	38, 46, 307
大きさを変更する	59
押し出し	131
オブジェクトガイドを設定する	199
オブジェクトカラーモードの選択	56
オブジェクトモードに切り替える	78
親パート	265
オリジナルカタログを作成する	164
オリジナルパーツをカタログに追加する	247

[か]

カーソルを原点に設定する	225
カーブを調整する	100, 118
解像度を調整する	195
回転軸を指定する	90
回転する	110, 121
回転体	40, 70
作成する	57, 90, 311
ガイド	86

ガイド図		球を作成する	38, 308
削除する	89	曲線を描く	43, 118
選択する	89	切り抜き文字	146
拡大／縮小する	58	繰り返しで複数配置する	104
影や光沢の設定	172	形状整列	141, 234
影を調整する	170	線形状の順序	73
画像	159	形状の編集	88
移動する	196	形状編集モード	56
色を変更する	163	終了する	50
拡大・縮小する	196	形状を削除する	95
調整する	163	光源ジョイント	284
表示する	195	色表現	285
画像データ	190	色を設定する	285
画像ファイルを読み込む	194	光沢をなくす	171
カタログ		設定する	65, 169, 278
更新する	247	編集する	284
編集する	166	無効にする	302
角度と長さを表示	35	交差部分の抽出	148
角の半径を入力する	124	交差方向に切り替える	74
角を丸める	77, 119, 175	光沢を組み合わせる	160
壁を変形する	203	コントロールポイントの操作	48
カメラアングルを設定する	268	子パート	265
カメラ		コピーする	58
移動する	269	コピーを繰り返す	238
作成する	274	コントロールバー	27
視点を合わせる	277	コントロールポイント	45
調整する	170	移動する	60, 99, 312
画面構成	26	削除する	49, 313
画面の表示を変更する	54	数値を入力して移動する	88
画面を移動する	54	スムーズにする	99
カラーを設定する	61	選択する	100, 312
ガラスの質感	154	選択を解除する	111
間接光の明るさ	299	追加する	48, 59, 80, 108, 313
設定する	303	整える	120
記憶する	117	複数選択する	97
記号で面の分割を設定する	300	表示	56
起動する	21	表示サイズ	42

INDEX

[さ]

材質設定を変更してレンダリングする	173
材質を再設定する	158
サイズ	
設定する	119
調整する	95, 157
入力する	79
削除する	96
座標値を確認する	89
座標	
移動する	55
設定する	140, 216
サブディビジョンサーフェース	131
三角を描く	35
シェーディング＋ワイヤーフレーム	55
敷地を作成する	260
質感を設定する	61, 152
視点	269
視点 ＆ 注視点	269
シャドウキャッチャー	173
自由曲面	71, 93
厚みをつける	221
変換する	71, 96, 113, 159
利用して形状を作成する	309
自由曲面パート	102, 105
作成する	104
終了する	25
ジョイント	15
照明の種類に合わせた光源を設定する	286
ショートカットキー	59
新規シーンを開く	52
垂直方向の角を丸める	178
数値を指定して作成する	38, 103, 114, 308
ズーム	56, 269
スクロール	54
図形ウインドウ	27, 30

ステータスバー	27
スナップする対象を選択する	211
スポットライト	283
スムーズ	99, 107
図面レイアウト	42
整列する	121, 141, 243
積	151
接線ハンドル	
折る	48, 313
削除する	50
調整する	49, 83
表示	57
絶対座標	140
切断	131
切断面	14
線形状	34
移動する	106
切り替える	106
光源を設定する	287
方向を切り替える	96
変換	46
編集する	45, 59, 312
丸める	124
線光源	281
線光源と面光源を設定する	286
選択した形状	
くり抜く	148
交差面を抽出	149
面をくり抜いて抽出	149
掃引体	39, 70, 75
作成する	76, 310
立体にする	95
相対座標	140

[た]

大域照明 ……………………………………… 172

    設定する …………………………………… 287

    反射係数 …………………………………… 303

楕円を作成する ……………………………… 112

高さを決めてから配置する ………………… 167

断面形状

    描く ………………………… 94, 119, 242

    選択する …………………………………… 121

    変形する …………………………………… 242

断面を掃引する ……………………………… 122

チャンネル合成モードポップアップメニュー ………… 262

昼間の明るさを表現する …………………… 301

注視点 ………………………………………… 269

中心に揃える …………………………………… 55

長方形を作成する …………… 36, 76, 306

植栽を作成する ……………………………… 261

直線を描く ……………………………………… 43

植物を設定する ……………………………… 162

直方体 …………………………………………… 37

    作成する …………………………………… 307

ツールパラメータ …………………… 27, 38

ツールボックス ……………………… 27, 34

テキストの作成ツール ……………………… 146

テクスチャ …………………………………… 153

    位置を調整する …………………………… 259

    解除する …………………………………… 267

    設定する ………………… 101, 115, 256

    編集する …………………………………… 92

展開図 …………………………………………… 15

点光源 ………………………………………… 281

テンプレートを調整する …………………… 216

投影方法を切り替える ………………………… 63

投影を切り替える …………………………… 157

統合パレット …………………………………… 29

[透視図] の表示を切り替える ……………… 55

透明度を変更する …………………………… 197

閉じた線形状 …………………………………… 35

    作成する …………………………………… 306

綴じる …………………………………………… 98

トリム ………………………………………… 162

[な・は]

滑らかさを表現する ………………………… 300

パート

    作成する ………………………… 138, 179

    テクスチャを設定する …………………… 265

    分類する …………………………………… 203

パート形状を作成する ………………………… 44

パート名を変更する ………………… 113, 139

背景色を設定する ……………………………… 63

背景

    作成する …………………………………… 168

    設定する ………………………… 153, 288

    透明にする ………………………………… 262

    方向を変更する …………………………… 153

配置の修正 ……………………………………… 89

パス形状を記憶する ………………………… 120

パストレーシング ………………… 299, 302

パターン

    背景を作成する …………………………… 289

    保存する …………………………………… 291

バックドロップを設定する ………………… 294

発光 …………………………………………… 264

パノラマ背景 ………………………………… 172

パレット ………………………………………… 29

反射係数 ……………………………………… 299

反転複製する ………………………… 137, 237

反復の設定と向き …………………………… 160

バンプ設定 …………………………………… 161

INDEX

表面材質
置き換える 150
設定する 62
表面材質カタログ 62
開いた線形状
切り替える 77, 125
作成する 40, 56, 82, 306
ファイル
開く 23
保存する 24, 65
フィット 54
複製する 103
ブーリアン 144
ブーリアン記号 28, 150, 219
ブール演算 145, 147
フォルダのパスを確認する 166
複数のアングル設定 173
複製する 78
位置を数値入力する 104
膨らませる 126
ふたを作成する 71
部分レンダリングする 298
ブラウザ 28, 134
ブーリアン記号 145
プレゼンテーション 168
プレビューレンダリング 63, 101
分割 131
背景の反射を設定する 171
平面形状 34
平面図 190
ベジェ曲線 42
ベベル 130
表示切り替え 55
ぼかしを調整する 291
補助線を作成する 214
補助光源を設定する 280
ポリゴンメッシュ 128

線形状に変換する 258
変換する 132, 204, 258

[ま]

マスターサーフェス 153
複製する 158
マットな質感 161
マッピング 162
マニピュレータ 99
非表示にする 45
丸める 107
無限遠光源 65
設定する 279
調整する 169
追加する 170
メイン光源を設定する 279
メジャーツールを設定する 214
メタルの質感 155
メニューバー 27
面光源 281
配置する 301
向きを調整する 301
面に変換する 105
面の分割 132, 300
モードの切り替え 27
木目の質感 155
木目の向きを合わせる 157
モデリングライト 210
モデルを配置する 167, 246

318

[や・ら・わ]

[四面図] に切り替える	53
立体にする	37, 39
留形にする	201
稜線を移動する	205
リンク形状	188
ルートパート	199
ループスライス	131
レイトレーシング	299
レイヤを非表示にする	193
レンダリング	66, 257, 296
効果	150
設定する	65, 68
設定を変更する	171
背景を作成する	168
背景を非表示にする	291
レンダリング手法	299
ワークスペースセレクタ	27
ワークスペースを切り替える	63
ワイヤーフレーム	55

Profile

Aiprah

藁谷美紀（わらがい みき）
株式会社 アイプラフ　代表取締役
URL■ http://www.aiprah.co.jp/

「元気に活躍したい人のサプリメント」をモットーに建築・インテリア業界向けに「教える」「仕組化する」という2つの側面から個人や企業を幅広くサポートするCADデザインサービスを展開。各種セミナーや企業研修、データ制作の他、大学やインテリアスクールでの講師を務める。CAD・CG操作に関する書籍の執筆も多数。

Shade3D（シェードスリーディ）
建築＆インテリア（けんちくあんど）
実践 モデリング講座（じっせん こうざ）

2018年9月5日　初版　第1刷発行

Staff

カバーデザイン	桑山慧人（book for）
本文デザイン・レイアウト	SeaGrape
編集担当	最上谷栄美子
協力	株式会社Shade3D
	中嶋かをり

著者	Aiprah（アイプラフ）	
発行者	片岡 巌	
発行所	株式会社技術評論社	
	東京都新宿区市谷左内町21-13	
	電話　03-3513-6150　販売促進部	
	03-3513-6166　書籍編集部	
印刷／製本	図書印刷株式会社	

定価はカバーに表示してあります。
本書の一部または全部を著作権法の定める範囲を超え、無断で複写、複製、転載あるいはファイルに落とすことを禁じます。
造本には細心の注意を払っておりますが、万一、乱丁（ページの乱れ）や落丁（ページの抜け）がございましたら、小社販売促進部までお送りください。送料小社負担にてお取り替えいたします。

©2018 Aiprah
ISBN978-4-7741-9936-8 C3055
Printed in Japan

お問い合わせについて

本書に関するご質問については、右記の宛先にFAXもしくは書面、Webサイトからお送りください。電話によるご質問および本書の内容と関係のないご質問につきましては、お答えできかねます。あらかじめ以上のことをご了承の上、お問い合わせください。ご質問の際に記載いただいた個人情報は質問の返答以外の目的には使用いたしません。また、質問の返答後は速やかに削除させていただきます。

宛先：〒162-0846
東京都新宿区市谷左内町21-13
株式会社技術評論社　書籍編集部
「Shade3D建築＆インテリア　実践モデリング講座」係
FAX: 03-3513-6183
Web: https://gihyo.jp/book/2018/978-4-7741-9936-8/